高等院校艺术设计专业精品系列教材
“互联网 +”新形态立体化教学资源特色教材

# 信息图形设计原理与技法

盛 卿 王希萌 编著



中国轻工业出版社

**图书在版编目（CIP）数据**

信息图形设计原理与技法 / 盛卿，王希萌编著.
北京：中国轻工业出版社，2025. 6. --（“互联网+”
新形态立体化教学资源特色教材）. -- ISBN 978-7-5184-
5291-0

I. TP391. 41

中国国家版本馆CIP数据核字第2025K5Q024号

责任编辑：毛旭林

文字编辑：梁若水　　责任终审：高惠京　　设计制作：锋尚设计

策划编辑：毛旭林　　责任校对：吴大朋　　责任监印：张京华

出版发行：中国轻工业出版社（北京鲁谷东街5号，邮编：100040）

印　　刷：艺堂印刷（天津）有限公司

经　　销：各地新华书店

版　　次：2025年6月第1版第1次印刷

开　　本：889 × 1194　1/16　印张：9

字　　数：300千字

书　　号：ISBN　978-7-5184-5291-0　定价：59.80元

邮购电话：010-85119873

发行电话：010-85119832　010-85119912

网　　址：http://www.chlip.com.cn

Email：club@chlip.com.cn



210633J1X101ZBW

# 序一

《信息图形设计原理与技法》是盛卿基于十余年的信息图形设计教学、研究和实践经历编写的教材。本教材清晰地阐释了以信息图形设计为核心的知识体系，使用“图形语法”的概念揭示了信息图形在表达时不仅要注重图形的元素，更要注重元素之间关联的核心要义，“图形语法”突出反映了信息传达的功能，是理解信息图形设计的钥匙。此外本教材对信息图形的叙事特征、设计的流程和方法也有深入浅出的阐述，是信息图形设计教学与研究的重要资料和参考。

作为信息图形与可视化设计领域非常有才华的青年学者，本教材的作者盛卿曾与同窗好友共同创办了“图研所”——国内最早一批信息图形和可视化资源网站之一，对当时的信息图形与可视化领域有重要的影响，我自己在教学和研究上也受益匪浅。后续盛卿又出版了《信息之美》《知识之美》等多本译著，为学术界提供重要的参考资料，推动了信息图形设计研究和实践的深入发展，这些工作充分说明了他开阔的学术视野，对信息图形与可视化设计领域的热爱，对坚持知识共享的执着付出，我甚为感佩。近年来，他主持了多个信息设计领域的研究和实践项目，例如为雄安新区应急避难场所设计的信息图形等，他在信息图形与可视化设计领域的造诣日益深厚，成果引人注目。作为一名设计专业的教师，盛卿带领他的学生积极、持续地探索，让人耳目一新的精彩设计获得很多关注，在中国可视化与可视分析大会、中国大学生计算机设计大赛等活动中取得了很好的成绩。

案例研究是设计学科最为重要的研究方法，也是设计教学的重要手段。本教材的案例选择包括多个维度的视角：经典的、具有代表性的、包含问题意识的、具有创新性的……多元的案例能帮助读者形成更为全面的对信息图形设计的认知，掌握设计的技巧和创造性张力。同时本教材案例解析的方式也是一种信息设计的方式，值得读者研读。盛卿在图形表达原理以及图形叙事等的分析上着墨甚多，透露出他的观点：不仅要传授知识，更要传授技能与方法，尤其是培养分析和解决问题的意识以及整合创新的设计思维。我想这反映了他的教学理念，也是设计教学的关键。

清华清尚智慧场景创新设计研究院副院长
清华大学美术学院数据与智能创新设计研究所所长
清华大学美术学院教授　吴琼

# 课时安排

| 章节 | 课程内容 | | 课时 |
|---|---|---|---|
| 1<br>信息图形概述 | 1.1　什么是信息图形 | 1.1.1　概念定义<br>1.1.2　词义辨析 | 10 |
| | 1.2　信息图形的发展脉络 | 1.2.1　溯源——史前时期<br>1.2.2　萌芽——手工业时期<br>1.2.3　先声——工业化时期<br>1.2.4　成形——信息化时期<br>1.2.5　信息图形发展趋势 | |
| | 1.3　生活中的信息图形 | 1.3.1　图形类<br>1.3.2　图表类 | |
| | 1.4　信息图形的价值 | 1.4.1　美学价值<br>1.4.2　功能价值<br>1.4.3　社会价值 | |
| | 1.5　信息图形的应用场景 | 1.5.1　公共空间<br>1.5.2　新闻媒体<br>1.5.3　用户界面<br>1.5.4　学术研究<br>1.5.5　社会公益 | |
| 2<br>信息图形的构成元素与构成方式 | 2.1　图形语法概述 | | 25 |
| | 2.2　图形对象 | 2.2.1　解构图形<br>2.2.2　视觉属性 | |
| | 2.3　图形空间 | 2.3.1　图形空间的心理构建<br>2.3.2　图形空间的视觉层次 | |
| | 2.4　图形关系 | 2.4.1　图形对象的组织关系<br>2.4.2　图形对象的句法角色<br>2.4.3　复合句法结构 | |

| 章节 | 课程内容 | | 课时 |
| --- | --- | --- | --- |
| 3<br>信息图表的表意类型 | 3.1　信息图表分类 | | 25 |
| | 3.2　抽象概念 | 3.2.1　流程图<br>3.2.2　结构图<br>3.2.3　聚集图<br>3.2.4　发散图 | |
| | 3.3　实际概念 | 3.3.1　图解<br>3.3.2　数据展示 | |
| 4<br>信息图形设计要点与流程 | 4.1　信息图形设计的要点 | 4.1.1　信息图形的构成元素及组合方式<br>4.1.2　信息图形设计方法一——轮廓提取<br>4.1.3　信息图形设计方法二——结构处理 | 20 |
| | 4.2　信息图形设计的流程 | 4.2.1　设计流程概述<br>4.2.2　案例一——《诗经》色彩可视化<br>4.2.3　案例二——中国古代四大乐器认知可视化<br>4.2.4　案例三——冬奥趣闻信息可视化<br>4.2.5　案例四——冬奥比赛场馆信息可视化 | |

# 目录

CHAPTER 1

# 一 信息图形概述

## 1.1 什么是信息图形

### 1.1.1 概念定义

信息图形的英文名为Infographic，由信息（Information）与图形（Graphic）两个词语组合而成，意为“一种集合信息、数据和知识的视觉表现手段”①。关于信息图形的具体概念，至今尚未形成一个统一认可的定义。国内外学者众说纷纭，并从不同角度提出了各自独到的见解。

日本TUBE GRAPHICS株式会社董事长木村博之（Hiroyuki Kimura）在《图解力：跟顶级设计师学做信息图》一书中提到：“针对内容复杂、难以表述的信息，先对其进行充分理解、系统梳理，再使其视觉化，通过图形简单清晰地向读者呈现出来，这种图就叫作信息图形”。

加拿大数字化营销策划师马克·斯米克莱斯（Mark Smiciklas）在其著作《视不可当：信息图与可视化传播》中指出：“信息图是可视化的数据或概念，它将数据与设计相结合，以利于视觉学习”。

美国信息图形学专家爱德华·塔夫特（Edward Tufte）在《定量信息的视觉显示》中认为：“一份高质量的信息图形首先须包含重要的信息，并要以清晰、准确、有效的方法传递”。



### 1.1.2 词义辨析

#### 1.1.2.1 信息设计与平面设计

信息设计是信息时代背景下的新兴设计门类，它融合了多个领域的知识，在一定程度上可以看作一种带有统计学特性的新型平面视觉设计。

信息设计与平面设计有千丝万缕的联系。最初，作为平面设计的子集，信息设计经常被安排穿插在平面设计的课程当中；20世纪70年代，英国设计师首次提出“信息设计”这一术语，使得该概念从平面设计中脱离出来；到了80年代，美国一些设计师开始从信息设计的角度研究平面设计中的表格、图形、字体、色彩等，同时，诸如分析、交互、统计等内容也逐步被引入信息设计领域；如今，信息设计又扩展到新媒体的设计之中，其表现语言更为丰

① 马库斯·斯洛普. 论信息图形［J］. 吴琼，译. 装饰，2007（8）：37.

富，适用范围也更为广泛。

不过与主张“精美艺术表现”的平面设计不同的是，信息设计更强调“进行有性能的信息传递”①，它更专注于信息传达的客观性、准确性与实用性，旨在提高人们读取和应用信息的能力。

另一方面，信息设计承自数据统计学，在对错综复杂的数据、信息、知识等进行从无形到有形的转化时，设计者有时须运用统计学的原理对其展开逻辑上的分类与层次上的整合，然后以简洁合理的图形、图表形式予以呈现，确保信息传递的清晰和准确（图1-1-1）。

图1-1-2、图1-1-3可视为平面设计与信息设计的案例。图1-1-2采用了点线面的构成手法，将服饰纹样赋予各式各样的花朵之上，美观大方，富有新意。图1-1-3通过具象的图形符号以及箭头、折线等元素描述了每年的人为碳排放量与自然碳排放量。

### 1.1.2.2 信息图形与可视化

信息图形属于信息设计的范畴，主要呈现形式为二维空间中的视觉图像，常配有文字与数据来辅助图像解读，像多媒体界面、新闻图表、公共导视系统等都是常见的信息图形。可视化的涵盖范围非常广泛，根据不同的角度可划分不同的类别，如从呈现形式上可分为静态可视化与动态可视化，从呈现内容上可分为信息可视化、科学可视化等。可视化的底层技术是计算机技术，本质是建立客观世界信息与机器视觉表示的一种映射范式。

在实际应用中，信息图形与可视化的形式十分接近，甚至能够彼此替换，但两者其实存在着明显区别，关键差异在于其作者是否预知视觉结果的形式，其最终的视觉成果是否由数据直接生成②。可视化一般是指程序直接处理数据生成的图形图像，设计师只决定可视化的逻辑关系；而信息图形则多指为特定数据手工定制的图形图像，它经历了大量的视觉美化，在本质上更加接近平面设计这种以视觉形式表达设计师已有观点的形式。

图1-1-4、图1-1-5为可视化与信息图形的案例。如图1-1-4所示，韩国设计师Sook Ko融合自

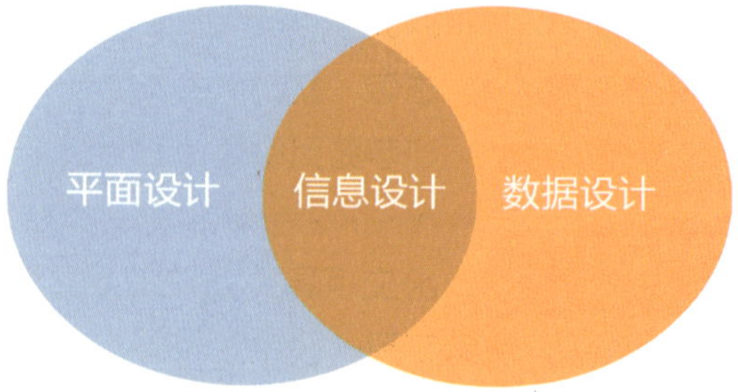

图1-1-1 信息设计是平面设计与数据统计的交叉区域

图1-1-2 平面设计案例——中国国际服装服饰博览会主题招贴

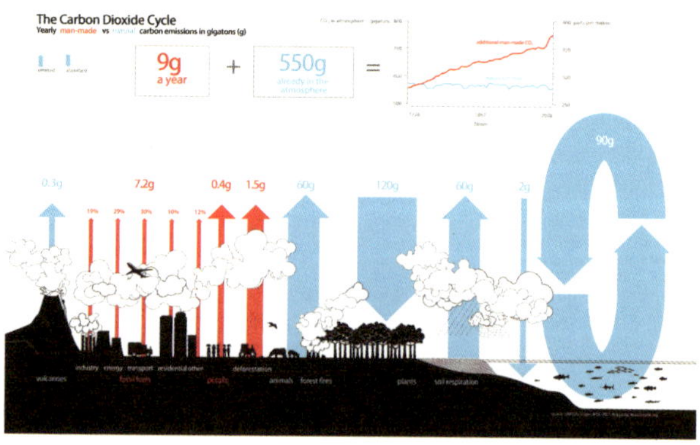

图1-1-3 信息设计案例——自然界中的二氧化碳循环（David McCandless）



① 席涛. 信息视觉设计［M］. 上海：上海交通大学出版社，2011.

② 向帆. 词意辨析：可视化、视觉化、Visualization及信息图形［J］. 装饰，2017（04）：24-29.

MAP OF WOODNOTES
MIGRATORY, WINTER, SUMMER, RESIDENT BIRDS
When I was young, I saw a little pretty bird on the mountain. The bird quickly flew away, leaving only sound behind. I looked up in the sky to find the bird, but all I could see was tree branches and forest. From very young, bird was the tree branches and big forest to me. This experience made me to visualize the sound of birds like forest.The branches represent the level of volume, the number of cries within the same time, and the abundance of leaves resembles the scale range. In other words, the denser the branches are, the more the bird cries. The more abundant the leaves are, the wider the scale range is. Each color is from the colors of the birds. Considering each color represents each forest, using the method of reading contour map, the birds living at the lower parts are represented within the map far from the middle.
MIGRATORY BIRDS
WINTER BIRDS
SUMMER BIRDS
RESIDNET BIRDS

图1-1-4　可视化案例——记忆中的鸟鸣（Sook Ko）

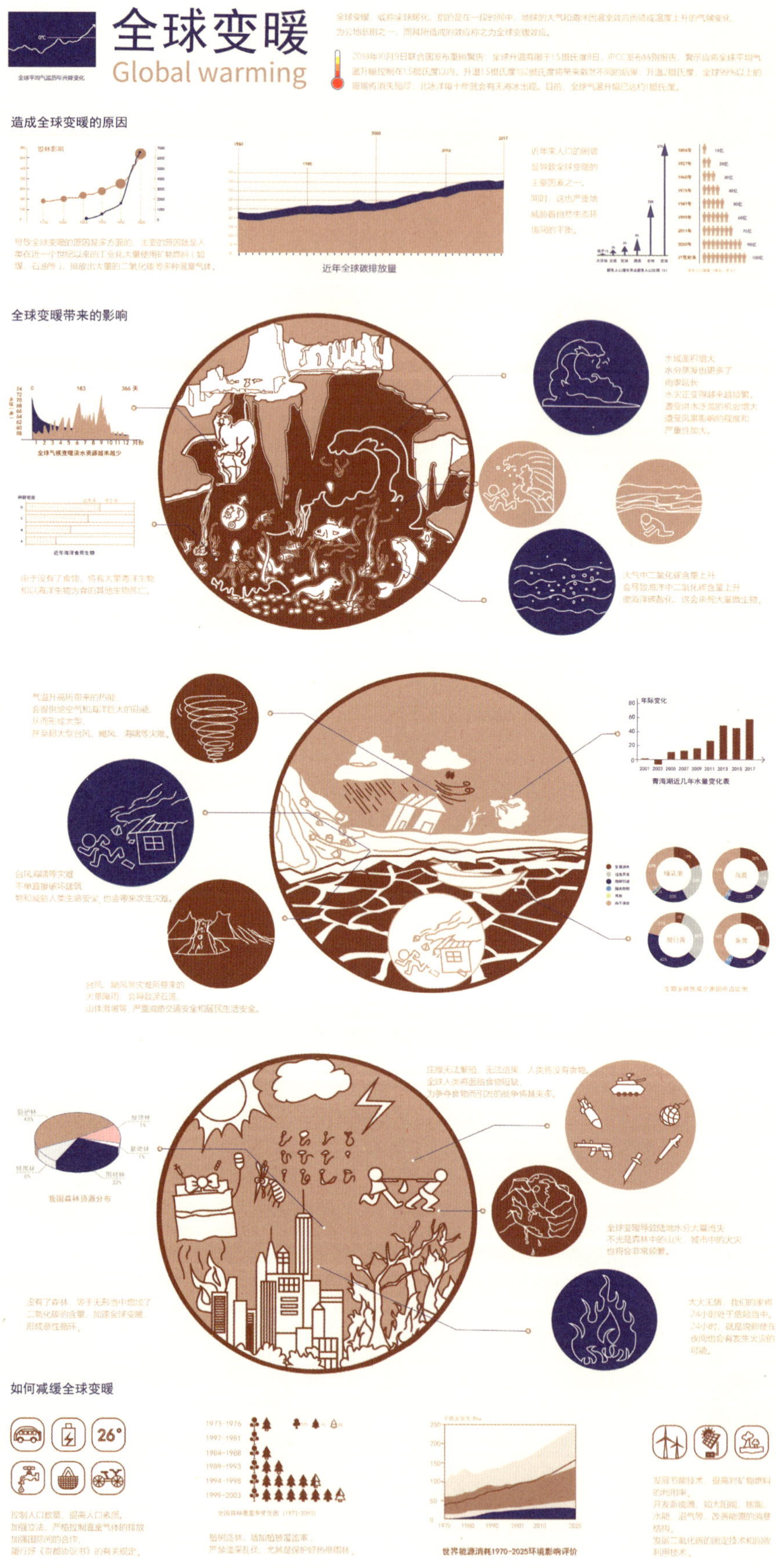


图1-1-5　信息图形案例——全球变暖（张宇娜）

己儿时的回忆，利用机器学习给鸟的声音进行了分类，并借助“Cymascope”对其进行声音到图像的转换，即将鸟叫频率以几何图形的形式呈现出来，由此形成了诸多曼陀罗风格的类树木花纹，其向四周扩散的树枝结构则展现了不同音阶中声音频率的变化。图1-1-5则以信息图形的形式介绍了有关全球变暖的信息，包括其成因、影响以及减缓措施等，旨在增强观者对环境保护问题的认知和理解。

#### 1.1.2.3　图形与图表

美国著名统计学和计算机科学教授威廉·克利夫兰（William Cleveland）指出，人们在进行视觉认知时会经历“图形直觉”和“表格查询”两种心理过程，在图形直觉过程中，人们识别的是信息的整体；在表格查询过程中，人们识别具体、特定的信息。

参考克利夫兰教授的说法，将那些内容明确、一目了然的信息图形称为“图形”，这类信息图形整体精炼扼要，观者对其所表达含义能产生即时的认知和反应，它们在日常生活中十分常见，比如厕所门上粘贴的性别标识、地铁站的无障碍电梯导引标识与信息咨询处标识等（图1-1-6）；将那些内容复杂、需要仔细查阅的信息图形称为“图表”，这类信息图形一般不会预先设置好图形传达的结果或者观点，而仅仅是对于给定的数据加以视觉化表达，其内部细节繁多，需要观者对具体内容做出更为详尽的分析和解读。

需要说明的是，不论多么复杂的信息图形，都是由一层层、一个个简单图形构成的，而这些简单的图形单元本身也是信息图形的一种，但由于它们已经有了诸如“标志”“标识”“图标”“图形符号”“信息符号”等不同场景下的具体称谓，所以我们提起信息图形时往往也指复杂的多维信息图形，如图1-1-7，此图表以季节和年份为线索，直观展现了不同时期女性服饰的流行色彩。

图1-1-6　信息图形案例——地铁站的无障碍电梯导引标识与信息咨询处标识

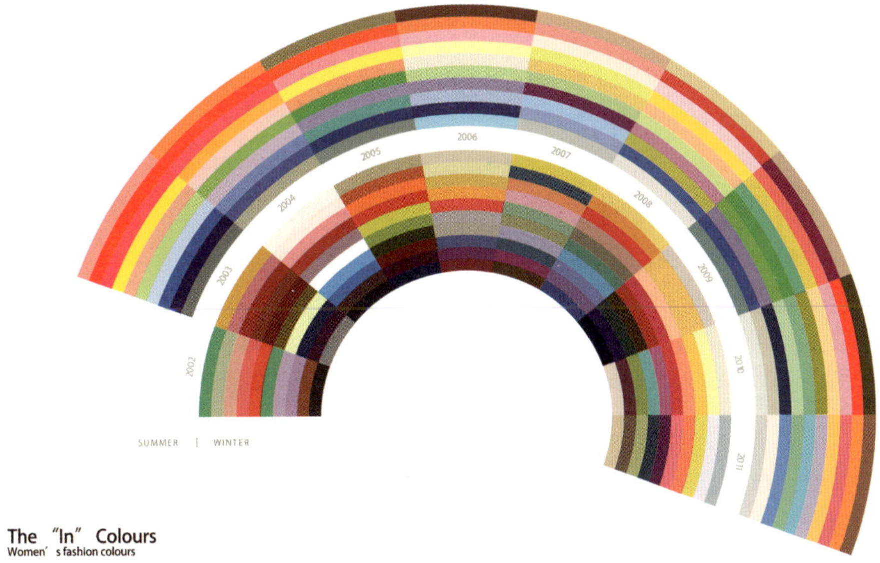


图1-1-7　信息图表案例——不同时期下女性服饰的流行色彩（Laura Sullivan）

#### 1.1.2.4 数据可视化与信息可视化

数据是未经组织或处理的离散且客观的结果，其本身没有特定的含义。信息则是组织好的结构化数据，被赋予了一定的意义和目标。与数据不同，信息有意义、有价值、有关联，可以回答诸如谁、什么、哪里、多少、什么时候等问题，进而辅助用户做出决策。相应的，基于此角度我们可以得出，信息可视化是数据可视化的一个子类目（图1-1-8）。

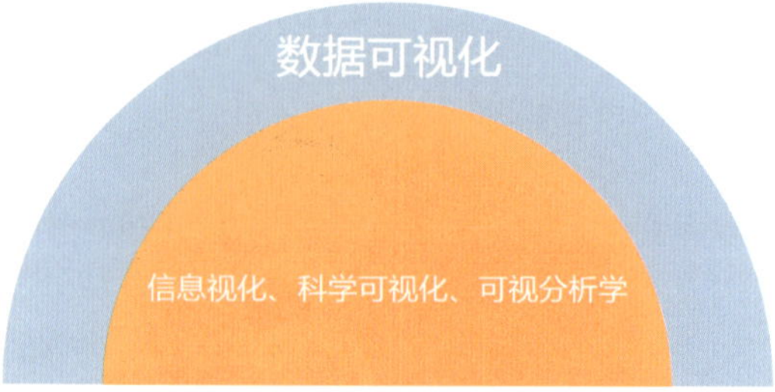


图1-1-8　数据可视化与信息可视化的关系

## 1.2　信息图形的发展脉络

从某种意义上说，信息图形与人类历史的发展相伴相生，早在原始社会，人类的祖先就开始以富含信息的图形来描绘周遭的事物，表达对身处世界的认知。德国学者马斯洛·斯洛普（Markus Schröppe）在《论信息图形》一文中提到，“讨论信息图形的发展过程就像讨论人类的发展过程”。下面将沿着历史的脉络，介绍信息图形千万年来漫长的发展历程。

### 1.2.1　溯源——史前时期

史前时代，原始人类通过使用工具在岩壁或山洞中绘制符号和图画来传达某种意图或记载某个事件，继而创造出了最早的信息图形——洞穴壁画。在举世闻名的法国拉斯科洞穴中，从洞顶到洞壁布满了千余幅岩画遗迹，或绘制狩猎信息以传授技艺，或勾画巫术符号以抚慰心灵，人类的交流方式自此发生转变（图1-2-1）。

图1-2-1　法国拉斯科洞穴内部壁画

如图1-2-2《受伤的男子与野牛》这幅壁画中，倒下的鸟头人、被长矛刺穿的野牛与散落的鸟杖这三种元素组合在一起，一瞬间爆发的情景被永恒地定格在画面之中，为后人留下无限的想象空间。壁画整体极具抽象特征，充满着原始奇观的神秘魅力。

图1-2-2《受伤的男子与野牛》

随着沟通交流的增多，图形已无法再满足祖先们的需求，因此史前人类对自然界中图形的描摹逐渐演变为符号语言，具有具体意义的文字应运而生。来自图画文字的象形文字便是这时期的代表，典型的有古埃及文、古印度文、苏美尔文以及中国的甲骨文（图1-2-3）等。象形文字利用线条简练概括出事物外形这一特性，为信息图形学习中的图形符号、符号识别性等知识点提供了启示。

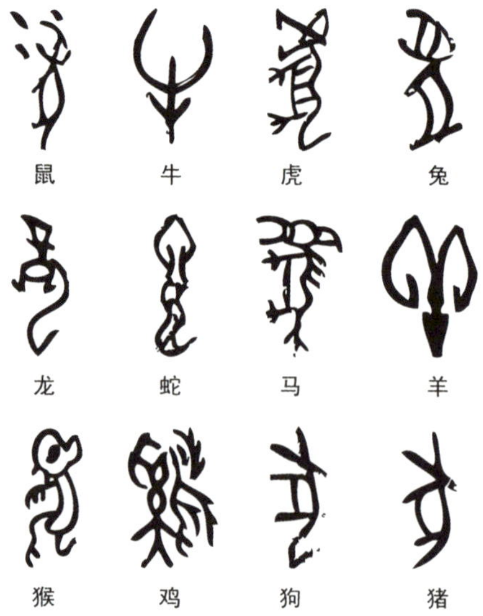


图1-2-3　甲骨文中的十二属相

## 1.2.2 萌芽——手工业时期

随着生产力和经济、科技的发展，人们开始探索和开拓更为广阔的领域，地理学和天文学有了长足的发展。为了能够直观地记录并呈现勘测、观察到的数据，以图示为主要特征的地图及天文图悄然兴起，这不仅开创了信息图形设计的新面貌，也带动了诸如物理、医疗等其他领域中的图形表达。

如欧洲文艺复兴时代伟大的艺术家达·芬奇（Leonardo da Vinci）为意大利北部城市伊莫拉改良的测绘地图，该图采用了罗盘测距工具和散点透视手法，在坐标系统上以俯视视角进行绘制，准确地记录了建筑与空间的比例关系，其精度在当时前所未有，且颇具美学意义（图1-2-4）。

如唐朝医药学家孙思邈在继承前人成果基础上所绘制的针灸穴位图《明堂三人图》，形象、细致地展现出“仰人”“侧人”“背人”上不同经穴的准确位置，对中医技艺的传承产生了重要作用。后书有云：“其十二经脉，五色作之，奇经八脉以绿色为之，三人孔穴共六百五十穴，图之于后，亦睹之便令了然。”（图1-2-5）

图1-2-4　伊莫拉地图

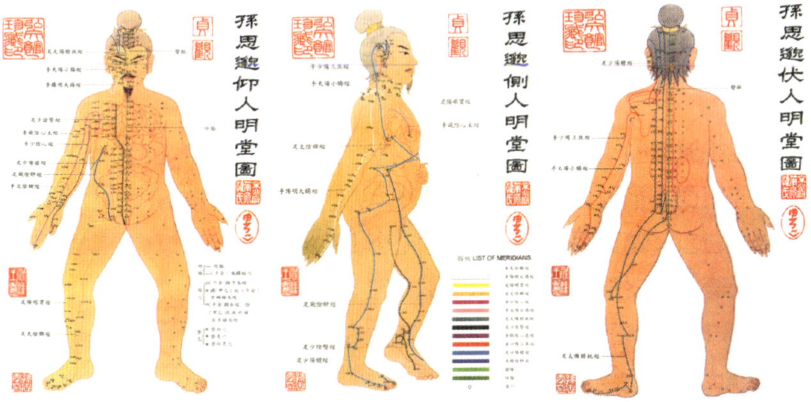


图1-2-5 《明堂三人图》

## 1.2.3 先声——工业化时期

始于18世纪后半期英格兰中部地区的第一次工业革命开创了以机器生产代替手工劳动的时代，自此，设计与制造逐渐分离开来，矫揉繁复的风格不再大行其道，随之包括信息图形在内的诸多设计领域均取得了显著发展。

具体来讲，该时期的人们已经开始有意识地组织、分类、排列信息，具有明显的数据统计意味，真正意义上的信息图形初现雏形。

1786年，苏格兰人威廉·普莱费尔（William Playfair）出版了《商业与政治图解集》（*The Commercial and Political Atlas*），该书是第一部使用统计图表的著作，其采用条形图和直方图等形式直观地展示出英国当时的经济状况。1801年，他又在《统计学摘要》（*Statistical Breviary*）中首次使用饼状图来阐述土耳其帝国在欧洲、非洲、亚洲的土地占领情况（图1-2-6）。

1857年，英国护士佛罗伦斯·南丁格尔（Florence Nightingale）对饼图和条形图进行了叠加和突破。她研究了战争期间英军的死亡人数与卫生环境的关系，并将其整理成图表，用统计数据说服维多利亚女王改善军队医院的条件，此后该图形被称为"南丁格尔玫瑰图"（图1-2-7），又名极区图。

1869年，信息图形领域中的经典作品"拿破仑东征图"的问世代表了开放性信息制图的出现（图1-2-8）。法国工程师查尔斯·约瑟夫·米纳德（Charles Joseph Minard）提取了东征过程中四个导致失败的关键因素，并通过图形的形式在一张图表中传达这些信息：军队人员变化、行军路线、气温变化、时间变化等，整体简单明了，寥寥数笔就将这场荡气回肠的历史败局展现得淋漓尽致，给人以强烈的视觉冲击。

20世纪30年代，德国艺术家格尔德·阿恩茨（Gerd Arntz）、奥地利经济学家和社会学家奥托·纽拉特（Otto Neurath）、德国设计师和社会学家玛丽·雷迪米斯特（Marie Reidemeister）等人共同开发了一套图形符号系统，即国际图形图像教育系统ISOTYPE（International System of Typographic Picture Education）（图1-2-9）。该系统创办的初衷在于建立一种能够跨文化传播信息的图形符号，用以教育和普及知识，后因其平面化、系统化的设计特点与精确的识别性而被视为图形标识系统的先驱。



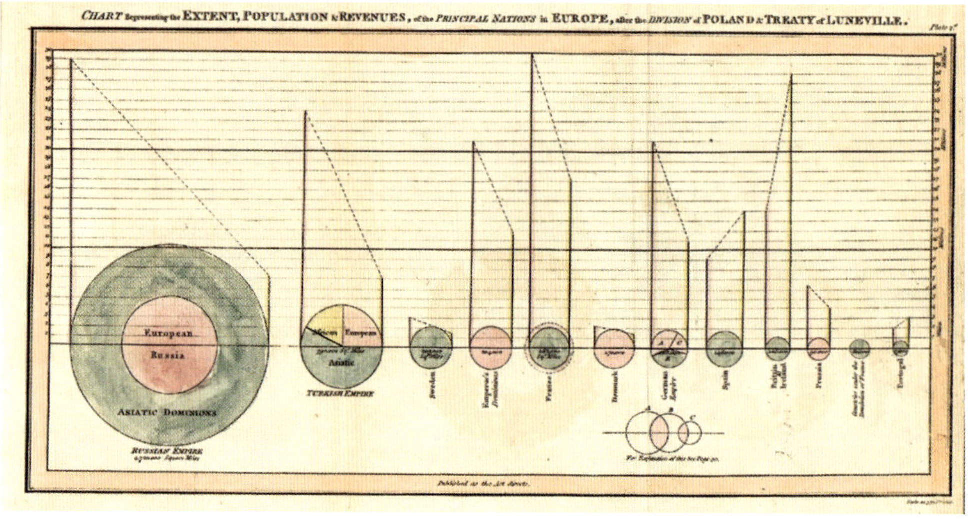


图1-2-6 饼状图

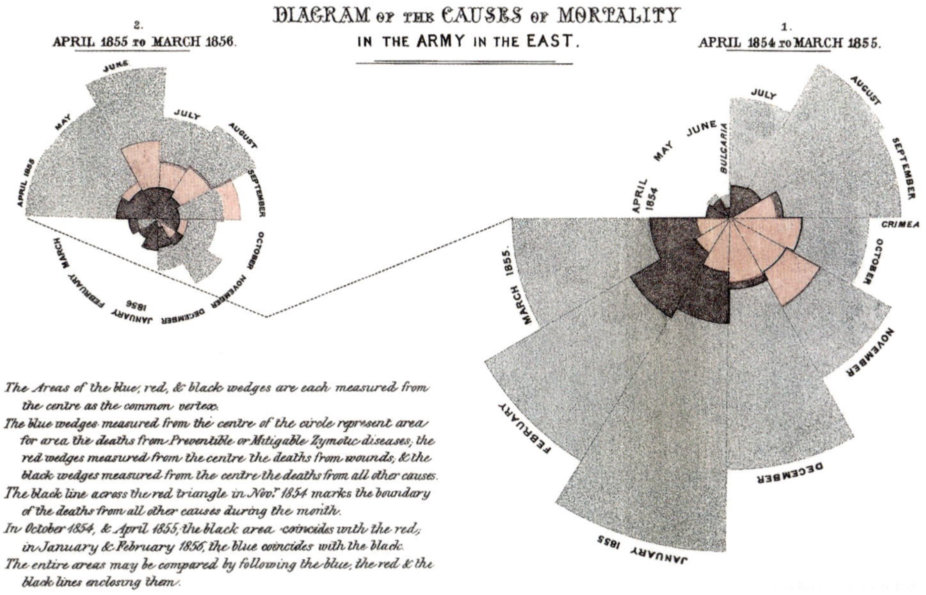
DIAGRAM OF THE CAUSES OF MORTALITY
IN THE ARMY IN THE EAST.
2.
APRIL 1855 TO MARCH 1856.
1.
APRIL 1854 TO MARCH 1855.
BULGARIA
CRIMEA
The Areas of the blue, red, & black wedges are each measured from the centre as the common vertex.
The blue wedges measured from the centre of the circle represent area for area the deaths from Preventible or Mitigable Zymotic diseases; the red wedges measured from the centre the deaths from wounds, & the black wedges measured from the centre the deaths from all other causes.
The black line across the red triangle in Nov. 1854 marks the boundary of the deaths from all other causes during the month.
In October 1854, & April 1855, the black area coincides with the red; in January & February 1856, the blue coincides with the black.
The entire areas may be compared by following the blue, the red & the black lines enclosing them.

图1-2-7　南丁格尔玫瑰图

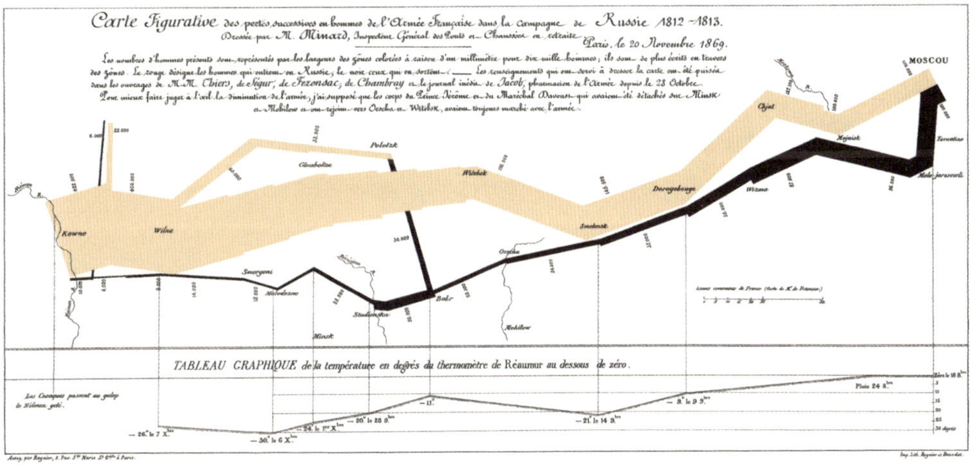
Carte Figurative des pertes successives en hommes de l'Armée Française dans la Campagne de Russie 1812–1813.
Dressée par M. Minard, Inspecteur Général des Ponts et Chaussées en retraite.
Paris, le 20 Novembre 1869.
MOSCOU
TABLEAU GRAPHIQUE de la température en degrés du thermomètre de Réaumur au dessous de zéro.

图1-2-8　拿破仑东征图

Pb
Au

图1-2-9　由德国格尔德 · 阿恩茨领衔设计的ISOTYPE简化图形标志

它不仅催生了一系列国际通用的图形符号语言，更为现代信息设计专业的确立和信息图形设计系统的完善奠定了坚实基础。

### 1.2.4　成形——信息化时期

20世纪中叶，计算机、半导体、集成电路、网络等技术的发展和规模化应用推动人们进入信息时代。面对日渐增多的数据信息，信息设计的重要性空前凸显。在这种背景下，信息设计逐步成为一门较为独立的专业，并朝着数据可视化、科学可视化等领域多元发展。

作为专业，其首次被提出是在1999年日本多摩美术大学的一次国际信息设计的研讨会上，大会决定初步使用英文“INFORMATION DESIGN”作为其名称。随着时间的推移，“信息设计”逐渐有了更多的具体称谓，例如“信息图形设计”“信息图表设计”“可视化设计”等。

计算机科技的发展普及带来了数字媒体的繁荣，信息图形的设计空间被大幅拓宽，而不再受限于传统的印刷媒介。如今，设计师可以通过各种新的辅助工具创造出极富艺术表现力的信息图形如图1-2-10，该图展现了1950年至2022年间美国每天所发生龙卷风活动的频率及强度情况，其中圆点的大小代表着当天记录的龙卷风数量，圆点的颜色标示着当天记录的龙卷风最强风级。通过与互联网的联合，信息图形也能够被赋予动态效果与交互功能，与人产生实时互动，便于清晰且系统地展现更为复杂的信息。

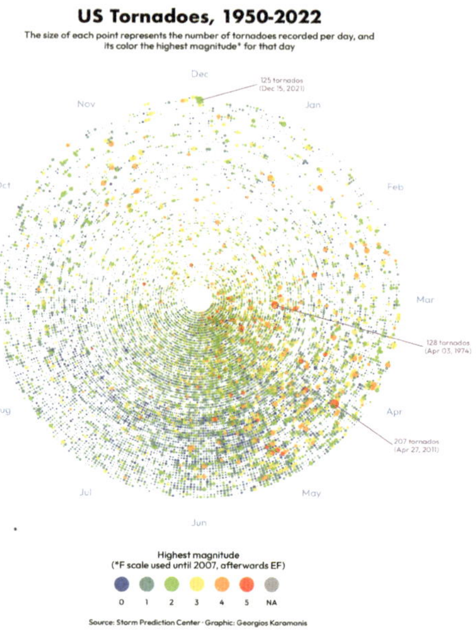


图1-2-10　1950年至2022年间美国每天所发生龙卷风活动的频率及强度情况（Georgios Karamanis）

### 1.2.5　信息图形发展趋势



#### 1.2.5.1　形态特征——抽象—具象—抽象

原始时期的信息图形多为抽象形态，具备线条化、几何化、轮廓化、扁平化等特点，不过学术界普遍认为，这种“抽象”并非创作者有意为之，而是先民的认知能力与绘制技术有限，无法把握事物的全体形貌，只能抓取事物的主要特征。例如通过人物肢体和关节的关系体现人体的动态特征，使用圆形和几何形代表人的头、躯干和四肢等，这种线条的高度概括使得呈现出来的图形具有某种抽象性。

进入手工业时代，体力与脑力劳动经验的积累使得人类对图形的把控变得精准，此时的信息图形多以具象符号构筑整体体系，追求对自然界客观存在事物的再现和模拟。像达·芬奇所绘制的一系列关于人体胚胎发育的解剖图（图1-2-11）——他通过细致的笔画和精确的比例描绘了各个阶段的胚胎示意

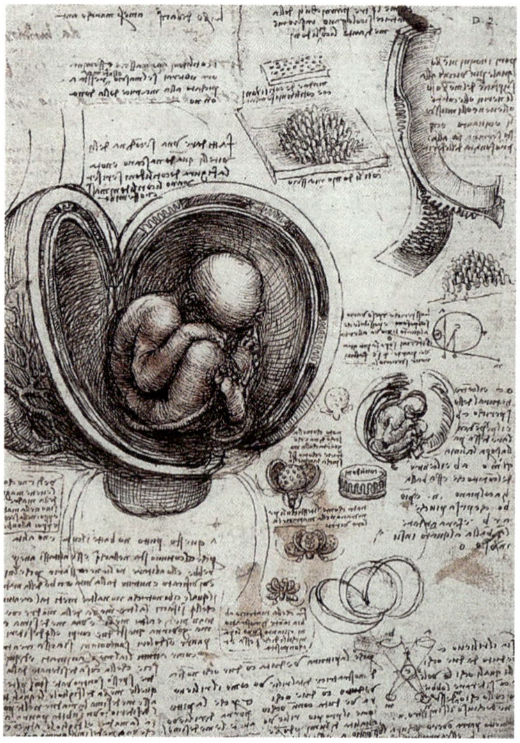

图1-2-11　胎儿在母体内的解剖图

图、内脏器官及骨骼系统的结构图等，这些信息图形为现代医学、生物学等研究提供了宝贵的启示和参考，极具科学和历史价值。

随着两次工业革命带来的科技大发展，照相、摄影技术诞生，它们可以准确快速地捕捉现实世界的细节，使得真实场景在瞬间铺陈于二维平面。对此，法国著名学院派画家保罗·德拉罗什（Hippolyte-Paul Delaroche）在达盖尔摄影术出现的1839年作出评价："自今日起，绘画已死。"影像技术对传统写实艺术表达的降维超越在一定程度上促进了更具抽象性的艺术的兴起，例如立体主义、表现主义、达达主义等，而这种艺术潮流的转变也或多或少影响到了信息图形的呈现。另外，现代主义运动使得简约实用成为设计的主流趋势，人们不再崇尚繁复精致的图案，开始在概括和提炼中寻找图形的核心价值。

步入20世纪末，人们开始面临着大量的信息冲击，抽象的信息图形由于减少了不必要的细节，降低了人脑处理信息时的工作量，因此更利于受众解读图形，方便其在短时间内获取关键信息。同时，在信息过载的环境中，轮廓清晰、色彩鲜明、形态简洁的信息图形因其符号化的视觉特征而更具视觉冲击力，也更符合人们的审美需求。如图1-2-12综合了来自联合国政府间气候变化专门委员会（IPCC）、美国宇航局（NASA）以及联合国海平面报告等多平台的数据，通过运用大量非具象的图形元素，直观揭示了全球哪些主要城市正面临海平面上升的严峻挑战，同时基于权威数据对这些城市可能被海水淹没还需要的大致时间范围作出了预测。

### 1.2.5.2 呈现形式——静态—动态

图形最开始往往被手工刻画在岩石及洞壁之上，数量有限且费时费力。而造纸术与印刷术的发明大幅简化了图形的"生产"过程，实现了更快捷、更广泛的复制和传播，这不仅推动了人类的文明进程，也促进了信息图形的发展演变。

在印刷媒介下，构成信息图形主要内容的文字、图像和色彩通常先经过编辑筛选，继而按照某种严格的逻辑结构进行组织，最后被固定在纸张之上。整体画面具有

图1-2-12 海平面上升的挑战（David McCandless）

设计性与形式美感，视觉层次性较强，但不具备交互性，用户需要仔细阅读、被动地接受这些信息材料。在数字化信息时代下，信息图形开始以电子媒介进行传播，静态图被逐步赋予动态效果与交互设计，如过渡、缩放、音效、窗口弹出、可视反馈等形式，实现了图形与读者的直接联系。

相较于纸面阅读的稳定逻辑，屏幕阅读场景下信息图形的组织方式更具可变化性，这能够有效提升画面的信息承载能力，同时最大限度地调动人们的注意力，提高观者参与的积极性。图1-2-13“聆听维基百科”对维基百科的实时数据编辑进行了视觉和听觉上的动态展示，当一个词条被编辑时，代表对应日志链接的圆圈会在屏幕上闪烁并消失，与此同时，伴随着圆圈的出现开始演奏音乐，敲击出一段不断变化的旋律。

### 1.2.5.3 感官体验——视觉—统觉

信息图形主要依赖视觉元素呈现数据，如使用色彩、形状、排版、图形、图表、影像等视觉元素来传达信息。随着通感相关的心理学研究进入设计领域，人们意识到可以利用其他感官，如嗅觉、触觉和听觉来丰富信息图形的表达方式，从而给用户带来全方位、多层次的感官体验。例如音频元素可以补充和解释可视化数据，触觉反馈可以提供交互性并增强交互感，嗅觉和味觉元素则可以带来更丰富的感受。这种综合统觉的发展使得信息图形不再单纯追求视觉的呈现，而是致力于打通五感，引发共鸣，为受众创造更沉浸的信息体验。

如图1-2-14，是英国可视化设计师尼古拉斯 · 鲁格（Nicholas Rougeux）为经典乐曲《D大调卡农》设计的可视化作品，其中每个圆点代表乐谱中的一个音符，音高由圆点到图像中心的距离隐喻，离中心越远音就越高，音符出现的时间由圆点与12点钟位置的相对角度表示，圆点的大小象征音符的持续时间。同时，他为不同乐器的圆点设置了各异的颜色，排列下来便形成了一幅富有节奏感的水彩图画。视听结合的运用为用户带来了耳目一新的体验。



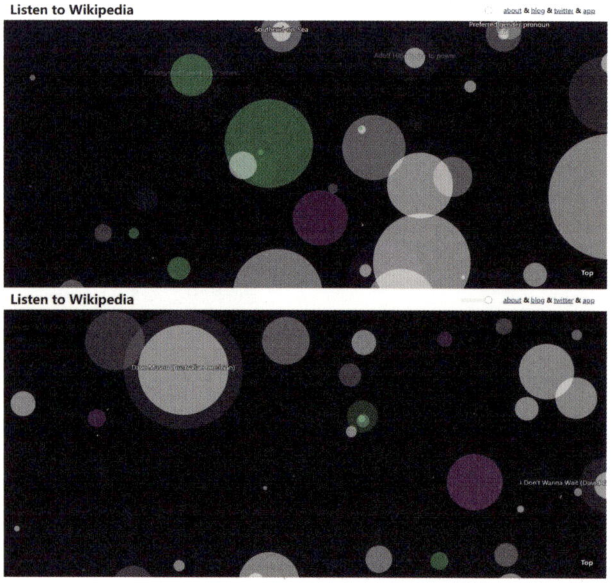


图1-2-13 “聆听维基百科”中视觉和声音的动态展示

图1-2-14 《D大调卡农》的音乐可视化图形

## 1.3 生活中的信息图形

经过长期的演变发展，信息图形的应用范围已扩展到现实生活的各个层面。从公共场所的导视系统到移动应用的软件界面，从报纸杂志上的新闻图表到产品说明书中的操作图解，信息图形的影响已然无处不在。接下来，我们将从常见的生活场景入手，介绍信息图形的多元应用。

### 1.3.1 图形类

#### 1.3.1.1 移动应用图标

移动应用图标是指笔记本电脑、智能手机、平板电脑等一系列互联网电子设备中用来表示状态或提示操作的图形符号，它们在终端之上发挥着至关重要的功能引导作用，有助于使用者理解并完成其主观的指示命令。随着移动应用的广泛普及，图标成为人们与数字世界互动的纽带，通过点击、滑动或触摸这些图标，我们能够轻松地访问应用程序、获取新闻信息、连接社交媒体等（图1-3-1）。实际上，信息时代，人们的沟通方式和生活方式正在日益与这些移动应用图标的使用和切换实现同步发展。

从设计的角度来看，图标在数字界面与人机交互体验方面较文字而言具备相当的优势，它们不仅简洁直观，还可以跨越文化差异、语言限制等障碍，方便用户理解其代表含义。当前，图标的设计风格多以面性图标、线性图标、线面结合、微质感等图形化的形式表达，整体较为精练明快，有利于设计人员在有限的界面空间中最大限度地展示各类信息（图1-3-2）。

#### 1.3.1.2 公共空间标识

公共空间标识是指室内及室外环境中的视觉引导图形，被视为人与环境最基本的沟通方式之一。它具有跨越语言、超越文字的信息传播力，是帮助人们安全便捷地获取环境信息、线路导向、设施位置的重要媒介（图1-3-3）。当我们处于一个非母语环境，即使不认识当地文字，也能通过公共空间标识的图形理解导视信息。

2022年笔者参与了雄安新区《应急避难场所标志设置规范》（DB 1331/T 026—2022）的制定工作。该标准规

图1-3-1 美团、京东、淘宝的App界面图标

图1-3-2 老百姓大药房图标设计（塔瑞涵、邓岚、王梦诺）

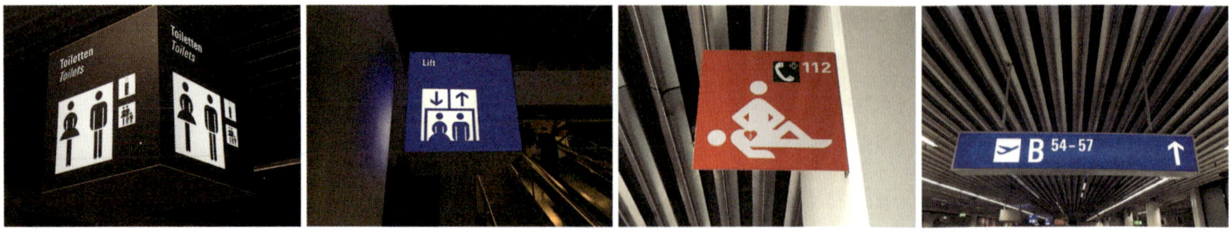


图1-3-3　法兰克福机场导引标识

定了应急避难场所的术语定义、图形符号、位置标志、指示标志、平面示意图以及标志的设置与制作等要求。笔者团队主要负责标准内公共信息图形的绘制（图1-3-4）。

在一些特定的公共环境、空间、场所中，为了确保信息的一致性和可理解性，信息图形必须严格遵照统一的标准来制定，例如高速公路、城市道路以及应急避难所等场合。不过通常来说，在一些较为休闲和生活化的场景中，我们可以对公共信息图形进行一些创意性表达，以增加场景本身的吸引力和趣味性，避免给人们留下千篇一律的枯燥印象。

图1-3-5是北京邮电大学工业设计专业同学设计的图书馆标识，他们考虑了北邮的信息学科特色，使用了大量IT、互联网企业的LOGO作为空间标识的主体元素，例如基于苹果公司的标志设计一个禁止饮食标识。这类标识在实际使用中除了识别性，可能还会涉及版权问题，但作为学生的创意作品，还是一个有趣的尝试。

图1-3-4　雄安新区应急避难场所标志（温思玮、盛卿、朱芃宇、杨若望）

图1-3-5　图书馆标识创意设计（吕卓尔、郭智欣、陆尧、许佳慧）

## 1.3.2　图表类

### 1.3.2.1　地铁线路图

在城市现代化的进程中，为解决日趋严重的交通问题，一种崭新的交通方式——地铁随之问世。与此同时，为了方便乘客快速准确地获取线路信息，地铁线路图（简称“地铁图”）也应运而生。

自1863年伦敦第一条地铁诞生至今，地铁图历经了多次重绘。最初，地铁图必须遵循真实地理位置来精准绘制。但是，此种方法受地理情况影响较大，且随着线路扩张，画面变得日趋繁冗、杂乱无章，很难在单张画面上传达出全部的信息。为了解决这个难题，1931年，英国工程测绘师亨利·贝克（Harry Beck）抛开地理精度的束缚，仅用90度、45度角的拐角和直线绘制交通的走向和关系，将还原真实地理位置的地图转变成了映射相对空间关系的线路图（图1-3-6）。这种方式虽然没有精准展示站点的地理位置以及站点之间的距离，但却能够帮助乘客直观地理解怎样才能尽可能快地从一个站点到达另一个站点，以及如何换乘不同的地铁线路。

如今，绝大多数城市的地铁图都遵循了贝克的制图手法，如图1-3-7至图1-3-9所示的当代伦敦、纽约地铁线路图及北京地铁线路图。

图1-3-6　1931年伦敦地铁线路图

图1-3-7　当代伦敦地铁线路图

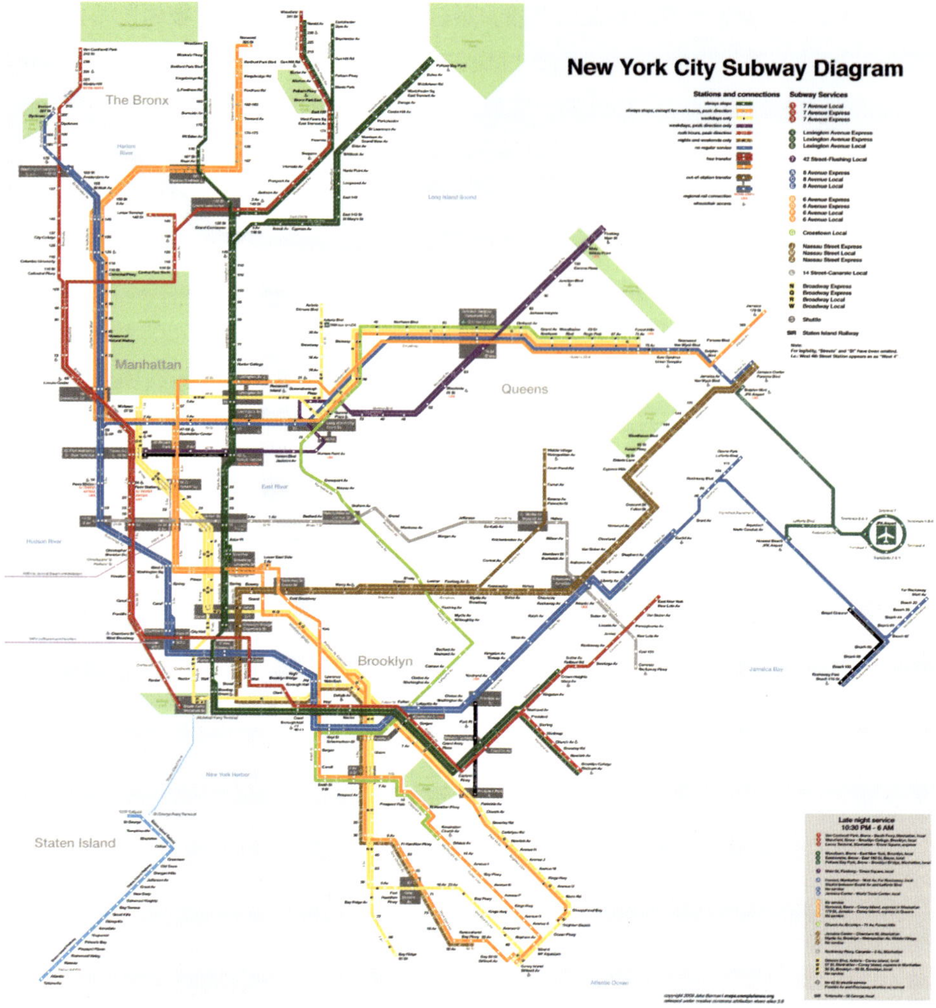


图1-3-8　纽约地铁线路图

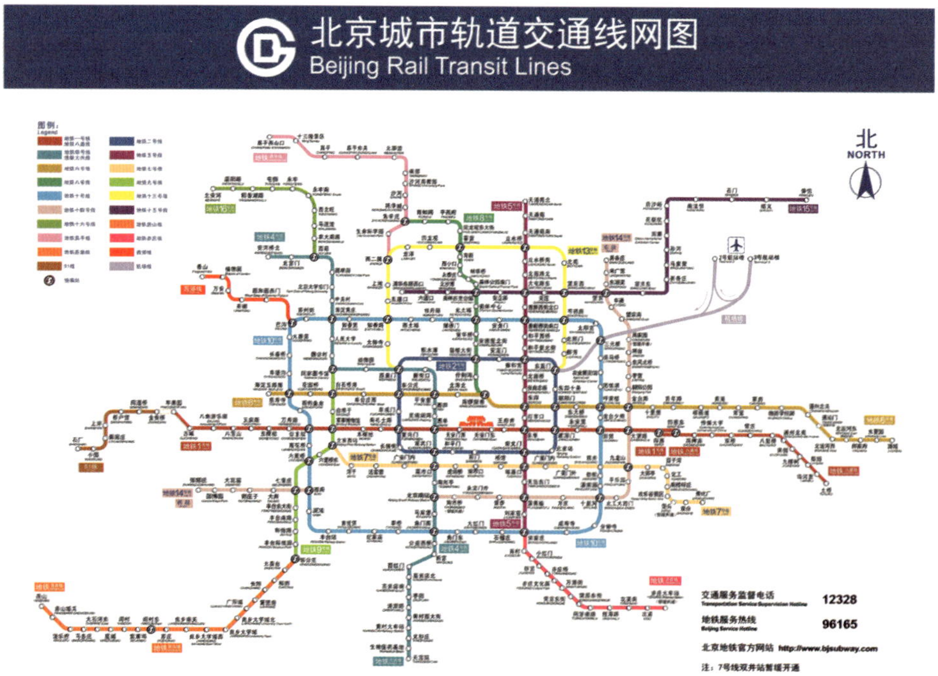


图1-3-9　北京地铁线路图

#### 1.3.2.2 产品说明书

产品说明书是向用户展示产品属性、基本功能、结构组成、使用方法及维修保养等相关信息的指南性材料。常见的有药品说明、家用电器使用说明、家具DIY组装流程图、衣物洗涤说明等。

传统的说明书大多以文字为主，搭配少量示意图，因此可能显得相对枯燥复杂且不易理解。为了更好地帮助用户理解产品，很多说明书在表达形式上开始越来越多地引入图形或图表，以提升信息表达的效率和效果，帮助用户快速建立起对产品的认知，同时给用户带来良好的情感体验。

如某家具家居品牌，其所有安装类家具的说明书都没有文字，通常仅凭借字母、数字与生动、直白的图像对用户的组装进行指引（图1-3-10）。这一清晰、连续的系统简约到极致，却极富同理心，除了组装时的各种视角被周到考虑，所有零件的比例关系也非常精确，这使得多数顾客完全不需要该品牌的售后就能够独立完成产品的安装，从而得以节省大量的资源。事实上，该说明书已超越了一般说明书的意义，它不仅能够简化安装过程，也通过趣味图形元素的编排让组装家具这件日常琐事，变成了开心DIY的游戏过程。

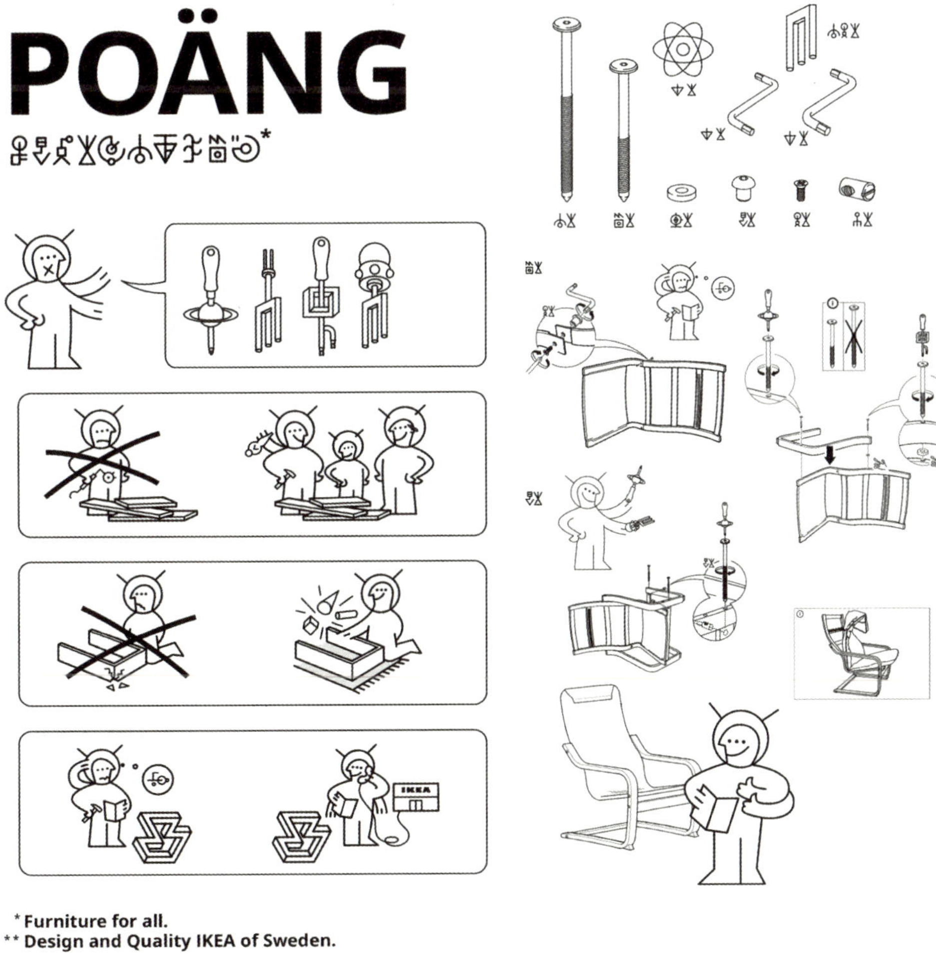


图1-3-10　某品牌椅子组装说明书

# 1.4 信息图形的价值

## 1.4.1 美学价值

信息图形设计离不开美学原理的应用。为创建出优秀的信息图形，设计师需要在保证准确性和易读性的基础上，通过网格结构、图文版式、图形风格和色彩意象等美学规则在帮助观者找到信息之间的关联性和层次性的同时，为受众提供愉悦的审美体验。如OECD（Organization for Economic Co-operation and Development的缩写，即经济合作与发展组织，简称经合组织）设计的通过生活指数（如住房、收入、健康等）比较国家间发展差距的交互式信息可视化图表，每个国家以一枝花表示，花朵的高低代表发展水平的高低，每片花瓣代表一项信息指数，花瓣的色彩象征该项指数的重要性（图1-4-1）。与传统的统计柱状图相比，这种图表不仅容纳了更多的信息，而且更加美观和形象，现如今已成为该国际机构室内装饰的一部分。

趣味性一直是一个重要的美学指标，朱光潜在《谈美》中讲到，“艺术是情趣的活动，艺术的生活是情趣的生活。”从某种意义上说，信息图形是一种对于无趣的对抗，它赋予原本索然无味的文本趣味性和审美性，使得枯燥的信息传递具有一定的艺术气息。如图1-4-2是美国人普通生活的24小时快照，其中每个由彩色圆点构成的环代表一项活动，点越多则意味着在该时段进行相应活动的人比例更高。从整幅图的顶端顺时针观察，可以看出，早上9点之后，大多数人开始工作或学习，中午陆续吃午饭并休息，晚上下班之后逐渐转向放松状态，然而有小部分人晚上会继续工作。

## 1.4.2 功能价值

与文本信息相比，图形语言的直观表达能够降低信息解读过程中因文化、地域、教育等因素引发的认知阻力，确保信息能够准确且高效地传达给受众。根据应用领域的不同，其具体的功能价值主要可体现在以下几个方面。



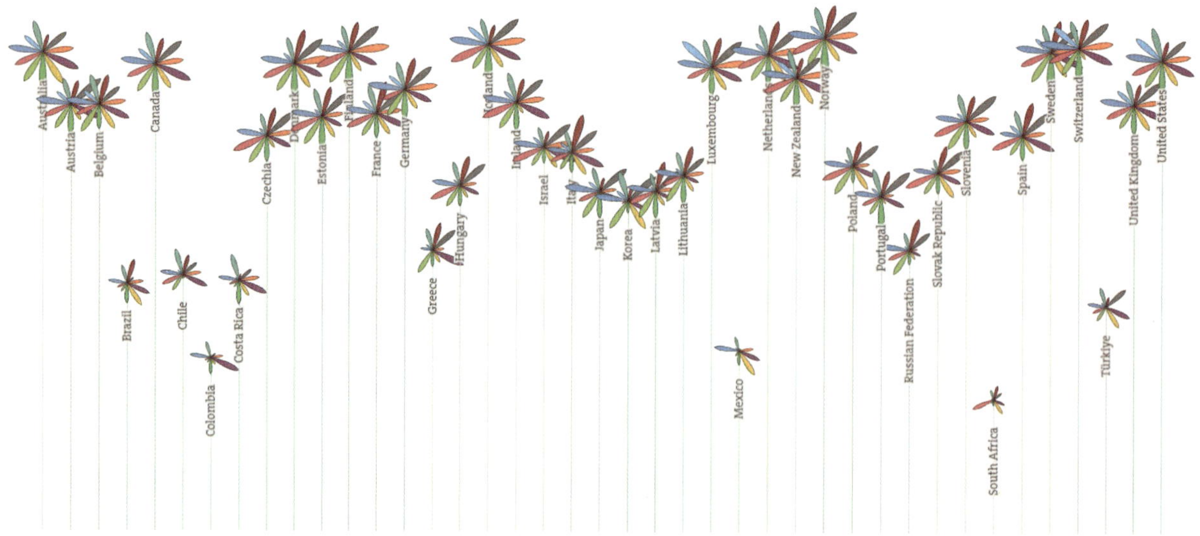


图1-4-1 OECD BETTER LIFE INDEX交互式信息图表（Raureif、Dominikus Baur）

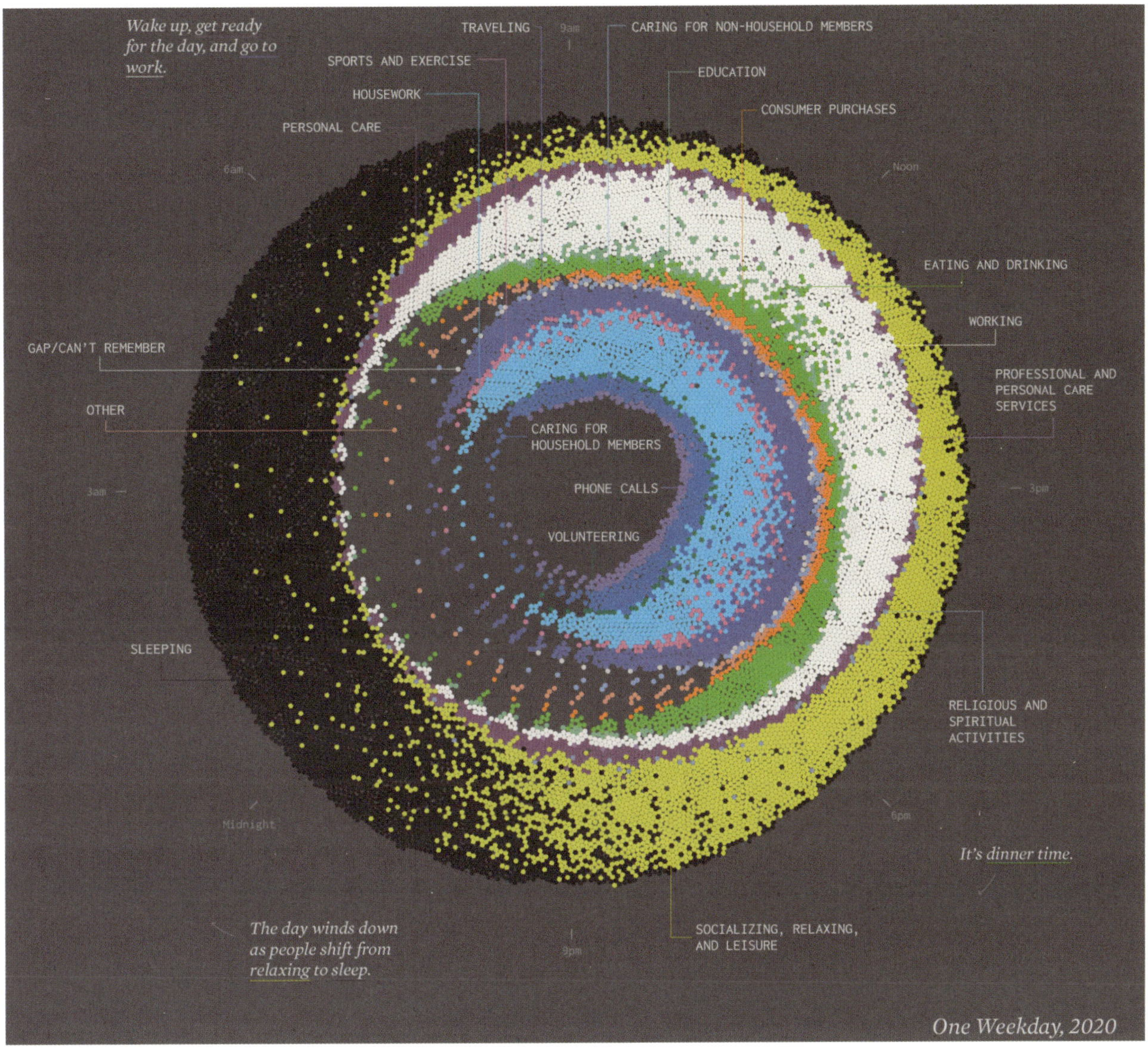


图1-4-2　美国人普通生活的24小时快照（Nathan Yau）



第一，在日常生活中，信息图形能以一种亲和的方式表述产品的功能、特性等，如洗涤剂包装上的说明图形可以帮助人们直观地理解哪些污渍可去除以及不同洗涤方式中的使用量等信息。此外，在公共空间中，一些对比鲜明、简洁易懂的信息图形有助于迅速向人们传递警示提醒、状况说明、方向引导等信息。

第二，在学术研究中，信息图形能够在一幅画面中展示大量的数据和信息，这有利于人们更快地掌握信息的内涵，了解数据的关系。不同类型的图表可表达的重点内容有所差异，不过一般来讲，数据信息之间的基本关系有五种：构成、比较、趋势、分布及联系。

第三，在国际交往中，由于人们对多数图形的认知并没有太大的差异，因此信息图形的通用性较强，可以成为跨语言和文化交流的桥梁。艺术家徐冰完全以非语言符号创作的立体书——《地书》正体现了上述思想，该书直接对应着真实的生活逻辑和事物本身，降低了阅读的门槛，以一种幽默的姿态挑战了不同层次的知识等级和不同地域的文化差异。

图1-4-3 《地书》局部

### 1.4.3 社会价值

很多信息图形作品会以社会问题为设计对象，对某些社会问题展开真实、全面、结构化、可视化的呈现，并表达出鲜明的立场，进而对观众的观念或行为施加影响和引导。如图1-4-4，英国气候数据科学家Neil R. Kaye统计了近170年来月平均温度的变化情况，展示出全球地表温度变化的异常趋势，提醒人们关注人类活动与全球变暖之间的关系。



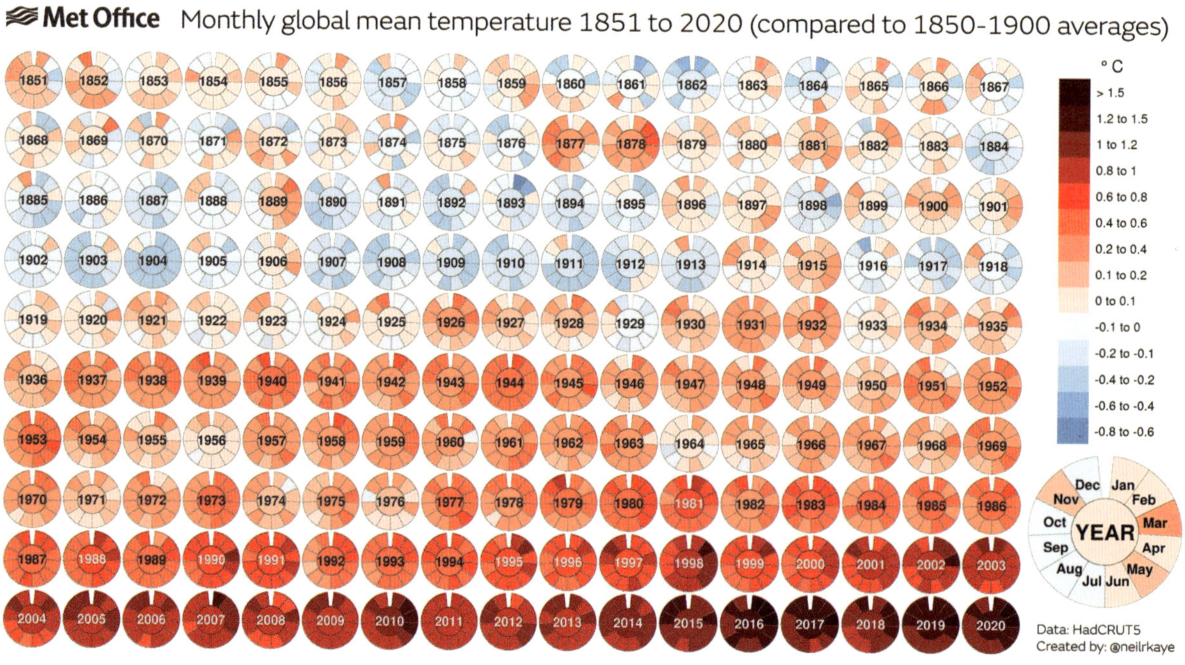


图1-4-4 1850—2020年全球地表温度图

# 1.5　信息图形的应用场景

## 1.5.1　公共空间

公共空间的信息设计始于20世纪70年代，最初由英国五角星设计工作室提出。其具体应用主要包括大型商贸中心、客运中心、旅游景区等复杂功能空间的信息指示系统以及城市街区的路标、路牌、地铁、飞机场、公交系统等交通标识导向系统。信息图形的使用能够帮助人们更好地理解和利用公共空间中的信息，如用于展示特定时间段内的演出、展览的信息图形，它们通常以时间为轴，用图标、文字和颜色来表示不同的活动类型和对应的时间、地点，清晰明了，方便人们快速查找自己需要的具体信息。

如图1-5-1所示，以色列设计师Roni Levit的作品《心理图解——公共空间干预》是一个在公共空间应用信息图形的优秀案例。为了帮助当地居民更深入地了解所在的城市，推动生态破坏、能源浪费等问题的解决，设计者利用公共街区上的诸多城市元件（如墙壁、台阶、地砖等）来进行数据可视化：通过墙壁、长椅上的信息图形展现了戒烟一周、一月、半年可节省的燃料，以及该市在炎热夏季没有庇荫处的区域比例等信息。

图1-5-1 《心理图解——公共空间干预》作品

## 1.5.2　新闻媒体

新闻报道以尊重客观事实为基本原则，力求将新闻真实、全面地反映给受众。对于一些信息量大、抽象、复杂的新闻来说，信息图形的合理使用有助于受众迅速把握主要内容，降低认知成本，提升传播效果。如下引自《今日美国》（*USA Today*）的图1-5-2所示，该图以直观的形式记录了NBA最佳得分手勒布朗·詹姆斯（LeBron James）的每一次投篮情况。

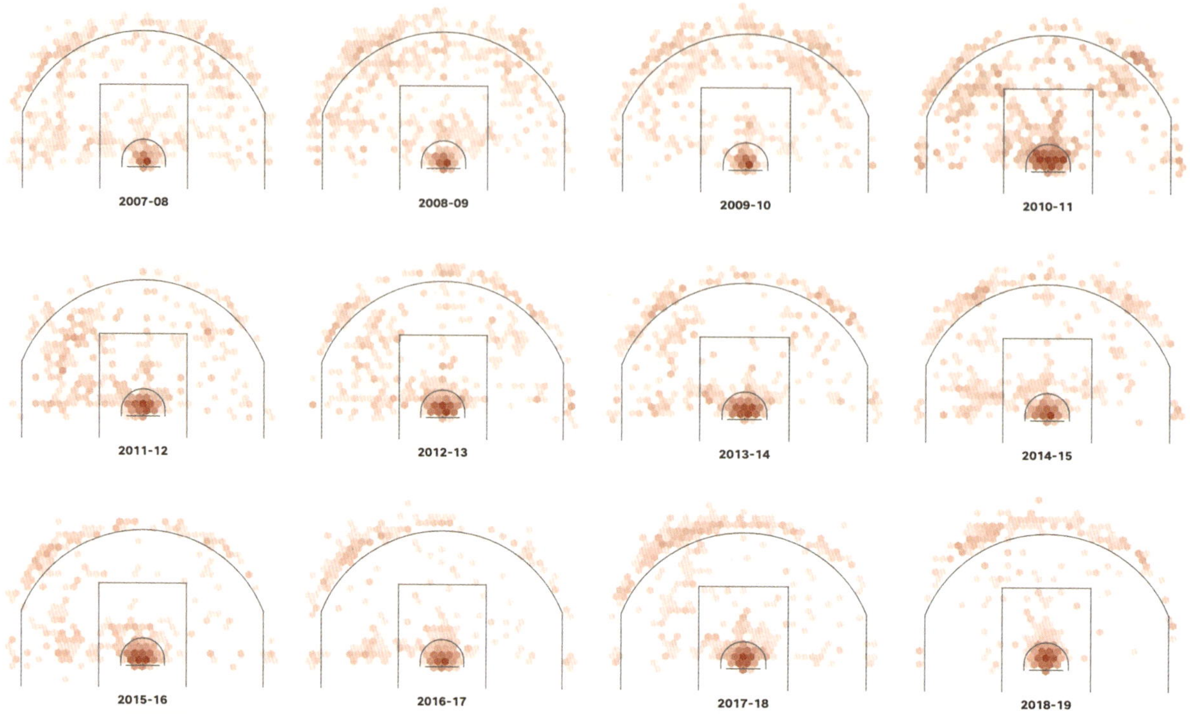


图1-5-2　NBA最佳得分手投篮情况（Mitchell Thorson、Ramon Padilla、Jeff Zillgitt）

### 1.5.3　用户界面

用户界面是人与机器交流的媒介。随着信息技术的发展，用户界面从早期只有少数人可以识别的命令型界面逐步转变为运用视觉隐喻实现信息传达的图形用户界面。

在用户界面中，信息图形相比文字、代码而言更具概括性和普遍性，用户凭借生活中的直接经验或间接经验即可识别具体含义。举例来说，当看到手机屏幕上的话筒图标时，我们可以自然而然地将其与通话功能联系起来，看到垃圾桶图标，又可以联想到删除或回收功能。信息图形的应用能够发挥人们的形象感知和形象思维能力，使得用户不再需要复杂的学习或记忆便能轻松地发出正确指令，提高工作效率。此外，一些界面需要使用图表来展示数据，如出行应用中用来导航指引的地图呈现、分析平台中用来分析数据的统计图表等，它们不仅可以提高界面的可视性与交互性，也能够优化用户的感官体验。

如图1-5-3，该交互式界面图梳理了50座城市在2017—2018年间的烟花爆竹管理政策，并对比了这些城市除夕夜的空气质量状况。图中采用极坐标系条形图模仿烟花爆竹的形状，每个条形图代表一个城市，条形图的每个度量条代表除夕夜每小时内的PM2.5浓度水平。观者在阅读的时候可以根据自己的需求，自由选择并显示不同的数据选项，如对比两年间的数据差异、按照空气质量对城市重新排序等，由此观者便能够在短时间内快速了解到烟花爆竹对空气的影响有多大以及各个城市禁放令的效果如何。

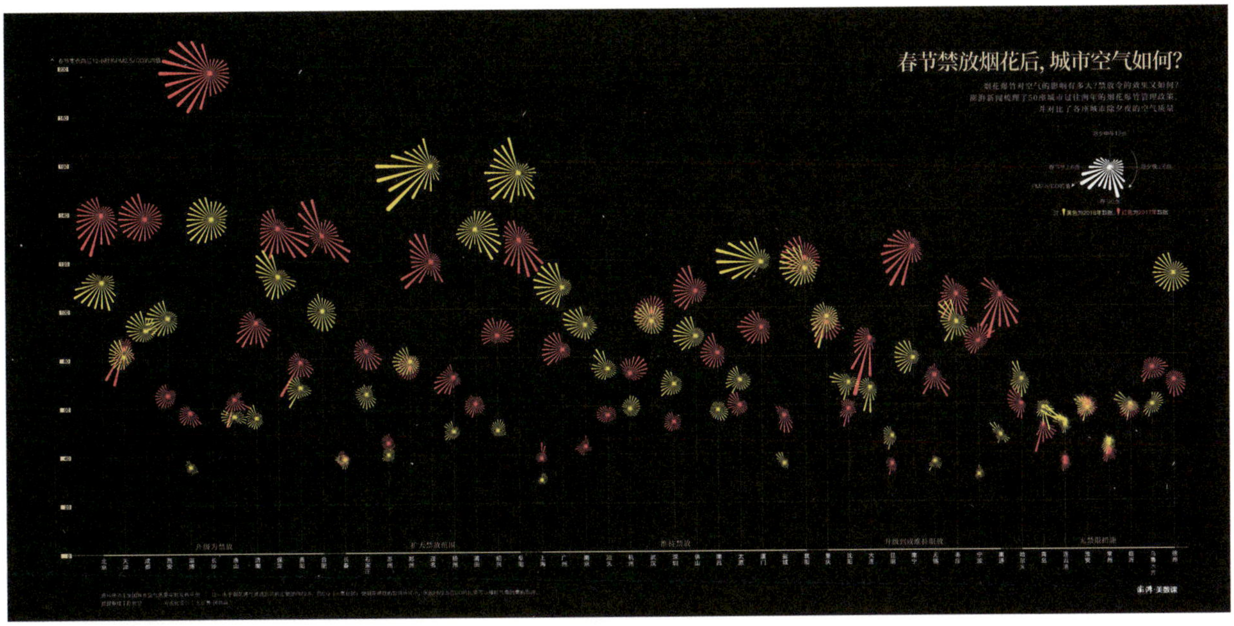
春节禁放烟花后，城市空气如何?

图1-5-3　50座城市2017—2018年除夕夜的空气质量状况图（王亚赛、陈良贤、张静然、燕露）

## 1.5.4　学术研究

信息图形在学术研究中扮演着重要的角色，它们以一种易于理解的方式来呈现数据分析、概念阐述以及研究成果，这增强了研究的可读性和阅读体验，有助于读者更好地理解和评估研究成果。

具体来讲，信息图形在学术研究中最常见的用途是表达复杂的科学数据，方便读者直观地理解数据的趋势、关系和分布，进行比较和分析。再者，研究成果（论文、研究报告等）经常需要详细描述实验流程或研究方法，信息图形如流程图、网格图或示意图的使用有助于理清流程中的复杂步骤，并清晰地呈现出方法细节或参数变量，加强读者对实验逻辑的理解。学术研究中常涉及某些复杂概念和理论，图形化的形式有助于阐释这些晦涩的抽象定义，能够促进学术成果的传播和转化（图1-5-4）。

## 1.5.5　社会公益

社会公益是现代文明社会的重要内容，是社会现代化和人类文明进步的必然趋势和要求。信息图形多以宣传海报的形式出现在社会公益事业中。如图1-5-5，从世界文化遗产良渚文化中的木制技艺入手，通过三张矢量化的图形表达，生动地描绘了人们获取木材、加工木材、建造房屋、制作用品等场景。这不仅有助于向观者科普良渚古人的生活方式，也从更深层次上地体现出人类与自然和谐共生的理念，由此唤起观者对于可持续发展和生态平衡的深刻思考。

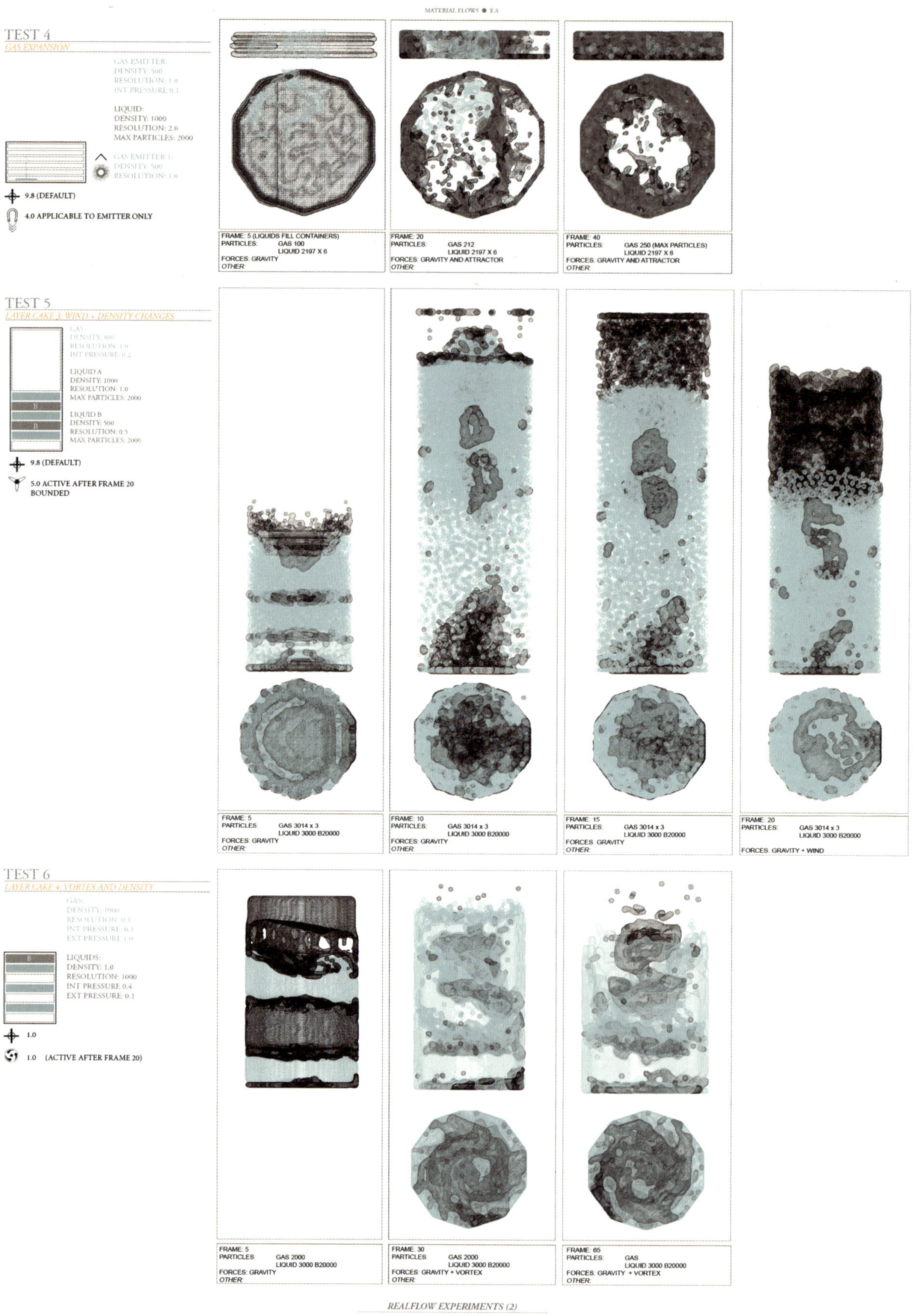




图1-5-4　关于地质建筑教学的信息图形（Emma）

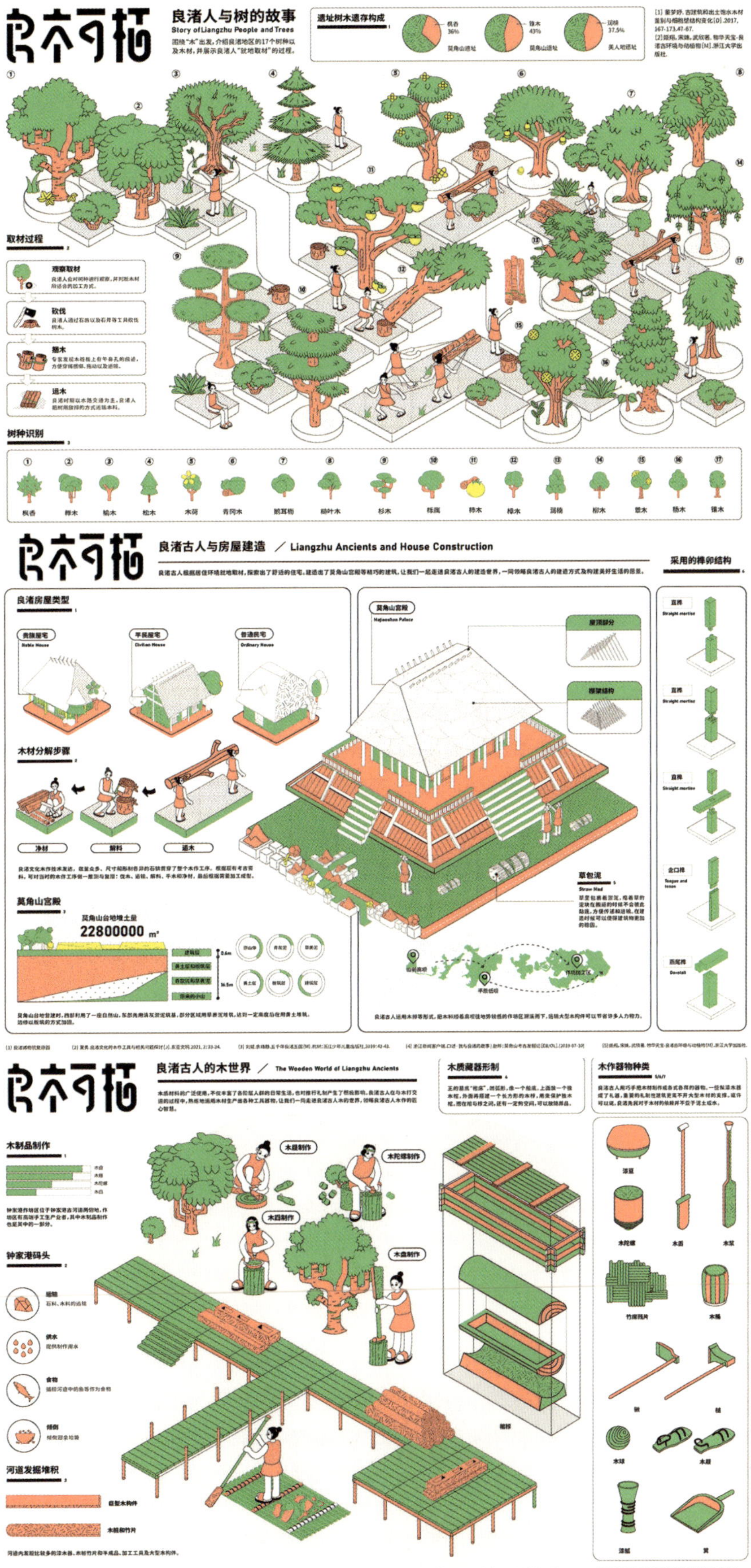


图1-5-5 “良木可栖”主题公益海报（吴文杰、万倩、邱炳坤）

CHAPTER 2

# 信息图形的构成元素与构成方式

## 2.1 图形语法概述

语法的概念我们并不陌生，简单来说，就是“一套语言体系内各个元素的组合规律”，因此，图形语法可以理解为图形体系内各个元素之间的组合规律。

为什么要在信息图形中引入“语法”？因为通过类似形状、色彩等基于用户感官认知的分类方法，我们可以分析一些简单图形，但对于那些复杂的信息图形，若想要系统地理解并应用它们，这种方法就显得力所不及了。借助图形语法，我们可以深度探究图形的本质，从图形构建的层面去理解图形，了解其底层结构与原理，进而设计出任何想要的图形系统。

在语言学中，语法是一套用来约束语言的规则系统，它包含很多内容，其中句法和语义是很重要的两个概念。句法规定了语言的结构，即语言中的词汇通过什么样的规则组合在一起，比如我们常说的“主谓宾”就是一种句法结构。语义则是指语言中的字、词、词组的含义，以及它们所共同组成句子的含义。如果不了解语义，就会出现一句话在句法上正确但却没有意义的情况，比如，“桌子吃了麻花”。

作为一套视觉语法规则系统，图形语法同样包含这两方面的因素，我们需要明白图形的各个组成元素分别表达什么样的含义，以及它们如何组织起来构成图形的整体含义，不同的组合方式还可能带来不同的图形意义。简言之，图形的含义一部分取决于它所包含的图形对象，另一部分则取决于这些图形对象之间的排列关系。此外，图形所具有的空间属性，其不仅包含与语言相似的一维、单向的组合方式，还包含二维、三维甚至四维（动态图形）的组合方式。下面我们将从语法表达的角度分别介绍图形对象、图形空间和图形关系等概念，以方便大家全面理解图形语法的构成要素。



## 2.2 图形对象

### 2.2.1 解构图形

在正式介绍图形对象之前，我们可以先应用一种简单的递归思路来解构图形对象。

通常情况下，图形对象可以被视为特定空间中的多个图形单元的组合。如图2-2-1可以整体被视作一个图形对象，由左侧的主图和右侧的图例组成。构成该图形对象的图形单元同样也是图形对象，例如右侧图例作为一个子图形对象，由数字、百分数、文字、条形图等不同元素组合而成。

由此我们得出图形对象如下：

（1）一个单一的图形对象。

（2）一个复合的图形对象，包括以下：

①这个/些图形所占据的图形空间。

②包含在这个图形空间中的一组图形对象。

③涉及这些图形对象之间的图形关系。

复合图形对象可以理解为三个部分：一个图形空间、该图形空间中的一组子图形对象、子图形对象之间的图形关系；而子图形对象既可以是基本图形对象，也可以是一组可继续解构的复合图形对象（图2-2-2、图2-2-3）。

在不断分解图形对象的过程中，最低分解级别的图形对象被称为基本图形对象，它是最小的有意义的元素，通常代表某些概念或实体，是我们进行分析的主要对象，也是构建整体图形的基础。如果从语言分析的角度进行比较，我们可以将图形中基本图形对象的概念与语言中语素的概念相对应。语素是口语中最小的有意义成分，比如单词sleepwalking（梦游），它是由“sleep”“walk”“ing”三个语素组合而成。在图形语法中，我们也可以参考这样的方式将基本图形对象看作相应的语素，并在不同的嵌套层次上进行区分。

复合图形对象可以被看作是由基本图形对象构成的嵌套集合。根据图形的复杂程度、细节层次或者是否可进行下一步细分等标准，我们不难判断出该图形是不是基本图形对象。举例来说，像箭头、圆点这种形状简单、含义明确的单个元素便可被视为基本图形对象，它们通常具有固定的样式和特征，在整体图形中具有直接的表达意义。如图2-2-4中的每个圆点均可被视为基本图形对象（每个圆点代表一部电影），而地图、多面板数据可视化等都是复合图形对象，它们由多个基本图形对象组合而成，具有更高的信息表达能力，如图2-2-5。

不过在有些情况下，某个图形对象的属性可能会显得模棱两可，此时对其基本性或复合性的识别主要取决于其在上下部分中的功能以及想要达成的目标。评估一个图标是基本图形对象还是复合图形对象需要考虑此图形在不同场景下所表达的内涵是否直观且固定：对于浴室门上描述男女的示意图、代指餐厅的刀叉符号等，我们均可以将其视为基本图形对象，它们无需进行拆分或组合便可表达出特定的含义（图2-2-6）。但是对于图2-2-7中的交通标志，我们则应该将其视为由两个基本图形对象（自行车图形和背景）共同组成的复合图形对象。这是因为交通标志中蓝底白色自行车图案可以存在圆形和方形两种形式，其中圆形代表非机动车行驶标志，方形代表非机动车车道标志。因此，只有通过将自行车图形和背景组合起来，才能准确地传达出特定的交通信息。

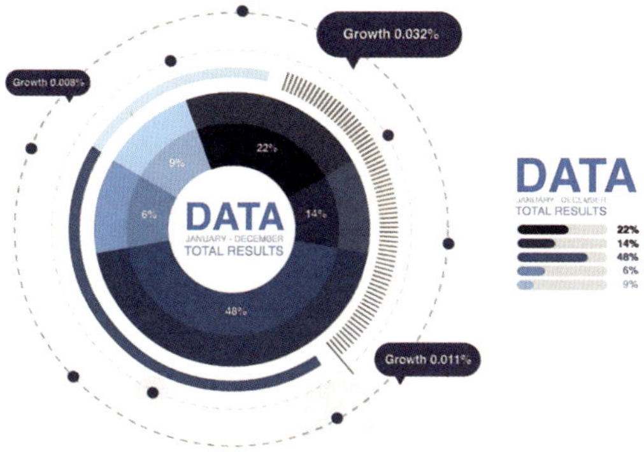


图2-2-1　数据分析图

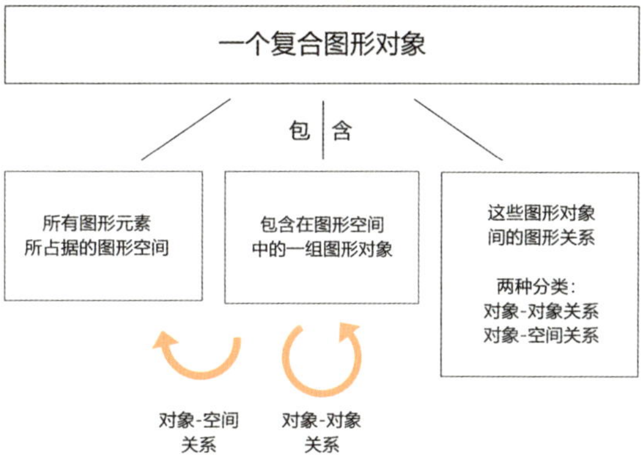


图2-2-2　复合图形对象的句法分解

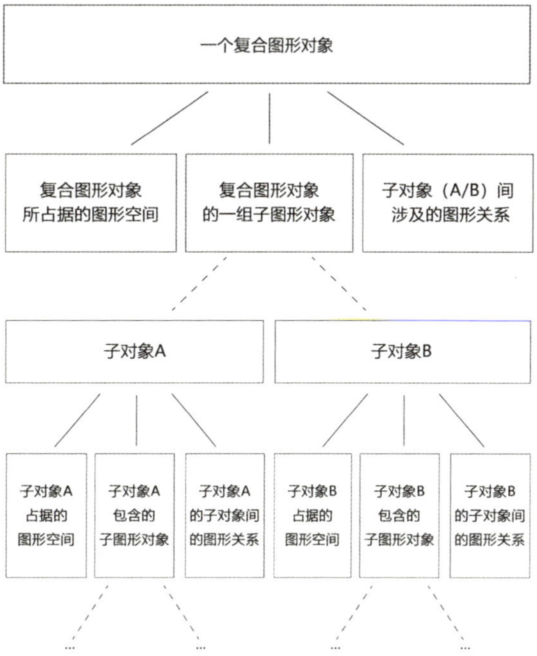


图2-2-3　句法分解的递归应用

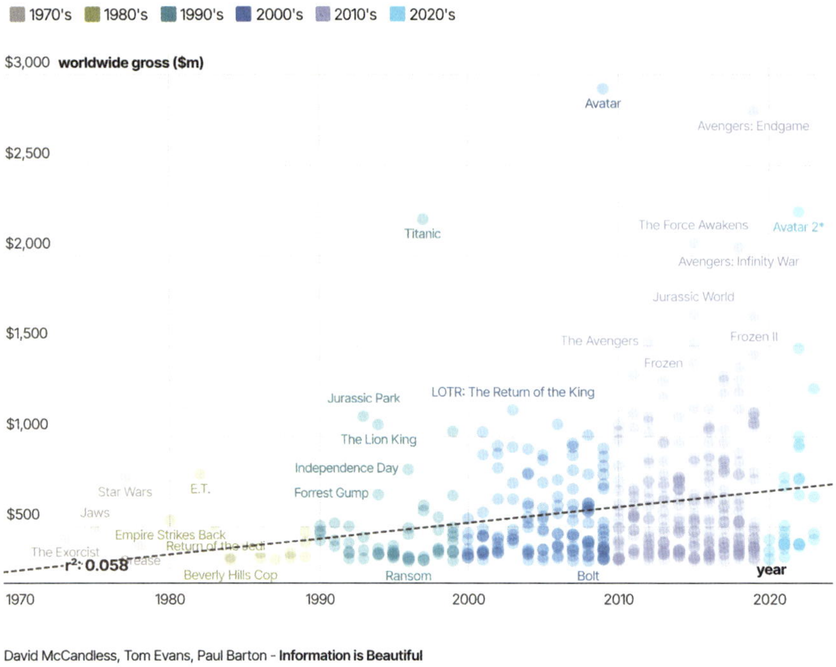


图2-2-4　有史以来好莱坞经典电影的票房收益（David McCandless、Tom Evans、Paul Barton）

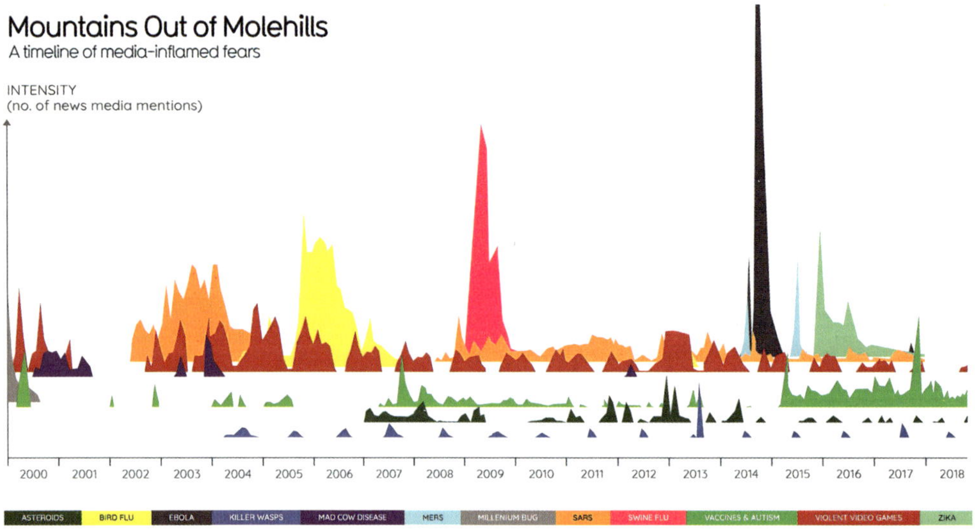


图2-2-5　公共卫生事件与媒体恐慌（David McCandless）

图2-2-6　性别图标——基本图形对象

图2-2-7　自行车图标——复合图形对象

## 2.2.2　视觉属性

图形对象的视觉属性主要包括色彩、明暗/浓淡、纹理、形状、位置、方向和大小，这些属性根据性质不同又可分为区域填充属性和空间属性。

如图2-2-8所示，在二维平面中的视觉属性分别是C-色彩、V-明暗/浓淡、T-纹理、Sh-形状、2PD-位置、Or-方向、Si-大小。其中色彩（C）、明暗/浓淡（V）、纹理（T）对应上文的区域填充属性，而方向（Or）、形状（Sh）、大小（Si）、位置（2PD）则属于空间属性。如此定义的标准是什么？主要看它们与图形的空间位置是否相关。想象一下，组成图形的每个点在图形空间中都有一个位置（我们将它称之为锚点），当改变图形的空间属性（大小、形状等）时，图形在空间中的锚点会发生变化，而改变图形的区域填充属性（色彩、纹理等）时，锚点并不会改变。

### 2.2.2.1　区域填充属性

区域填充属性用于描述图形对象内部的视觉呈现方式，它分为色彩属性和纹理属性两大类别。

色彩属性又可细分为色相、明度和纯度三个方面（图2-2-9）。色相是有彩色的最大特征，能够比较确切地表示某种色彩的色别，如红、橙、黄、绿等。纯度指色彩的纯净程度，它代表色彩中有彩色成分和无彩色成分的比例，是影响色彩最终效果的重要属性之一：即当某种色彩中含有彩色较多时，它就呈现饱和状态，纯度相对更高，反之，则纯度相对低。明度描述了色彩的明暗程度，它包括两个角度：一是同一色相的深浅变化，如浅绿、中绿、墨绿；二是不同色相的色彩本身存在的明度差别，如在所有的可视色彩中，黄色的明度最高，紫色的明度最低。

纹理属性可以根据所涉及纹理元素的空间属性进行细分，如纹理元素在填充空间中的尺寸大小、形状特征、排列方向等。相较于色彩属性，纹理属性的应用通常较为少见，但它仍然具有一定的价值，能在某些场景下呈现更多的信息或丰富观者的视觉感受。

### 2.2.2.2　空间视觉属性

空间视觉属性主要涵盖图形的形状、位置、方向和大小这四个要素。其中形状描述图形对象的外部轮廓或内部结构，它既是图形对象本身的一种视觉属性，也可以作为其他视觉属性（如色相、纹理等）的载体。例如当我们谈到一个“红色的长方形”时，其中“长方形”便是图形对象的形状，而通过添加“红色”这一色彩属性，它



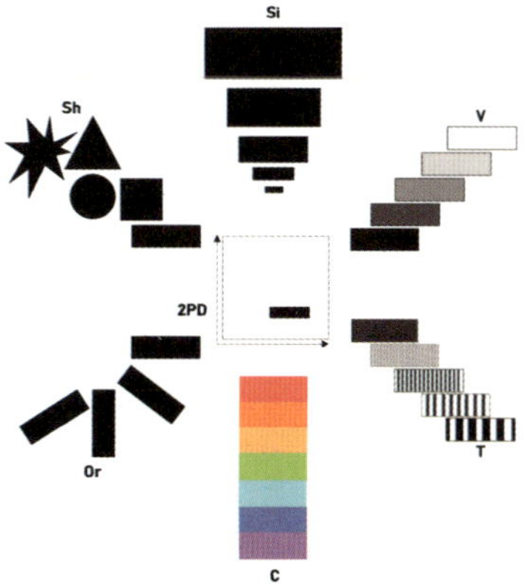

图2-2-8　图形对象的视觉属性

图2-2-9　色彩属性——色相、明度、纯度

便展现出了更为丰富的视觉信息。位置指图形对象在二维或三维空间中的坐标。方向是指图形对象及其子对象在空间中的朝向。大小则是一种通用属性，它表示图形对象的尺寸，可以是整体上的变化，也可以是仅限于某些方面（如长度、宽度或高度）的改变。

## 2.3 图形空间

所有的图形对象都必然存在于某一空间中，这些对象之间以及对象与空间之间都具有一定的图形关系。可以说，图形空间就是图形对象和图形关系“住”的地方：在该空间中，图形对象能够被定位、描述或操纵，而各种图形关系也得以明确展现。

### 2.3.1 图形空间的心理构建

在展开讲述之前，我们需要先明确一个概念，即本书中所提到的图形空间与实际的物理空间是无关的，它是一种主观感知的构建，是观者经过大脑加工后获得的心理感受。也就是说，当讨论图形空间时，我们并不是在描述真实的三维空间，而是在表达基于视觉感受在平面图形中想象出来的抽象空间。

如图2-3-1所示的立方体素描，虽然纸面上的几何体线条实际上并不完全等长、平行或垂直，但我们能够理解它们都是等长、平行或垂直的。这就是我们在绘画中常说的“透视”——在平面上描绘物体空间关系的方法。再来想象一张城市地图上有一座过街天桥，在现实中，我们会看到一条街道从天桥的下方穿过，而在二维地图上却

图2-3-1 立方体素描（佚名）

无法全部绘制出真正在桥下穿过的道路，但是我们依然能够理解道路位于天桥的下方，这便是人类视觉感知机制作用的结果。除了透视原理，该机制还涉及格式塔理论等感知原理。总之，当观看信息图形时，我们会建立一种心理架构，这种心理架构是我们理解和赋予信息图形中所有空间关系的基础。

### 2.3.2 图形空间的视觉层次

图形空间实际上是我们的一种心理感受，人脑在处理图像信息时会对其进行分层次的感知，这样使得二维的图形对象也具有丰富的视觉层级。例如图2-3-2中表示PM2.5浓度的折线图以及白色底框内的说明性文字看起来是叠加在条纹背景图片之上的。视觉层级是图形空间中不同图形对象之间关系的基础，在此基础上，我们得以实现诸如叠加、重合、并列等多种图形关系。

另外，这些不同视觉层级根据所处位置和扮演角色的不同被赋予了不同的名称，一般来说，从后到前的常见顺序为：①体积和表面定位符；②线定位符；③点定位符和连接符；④标签（前述专有名词将在后面小节中具体讲述）。

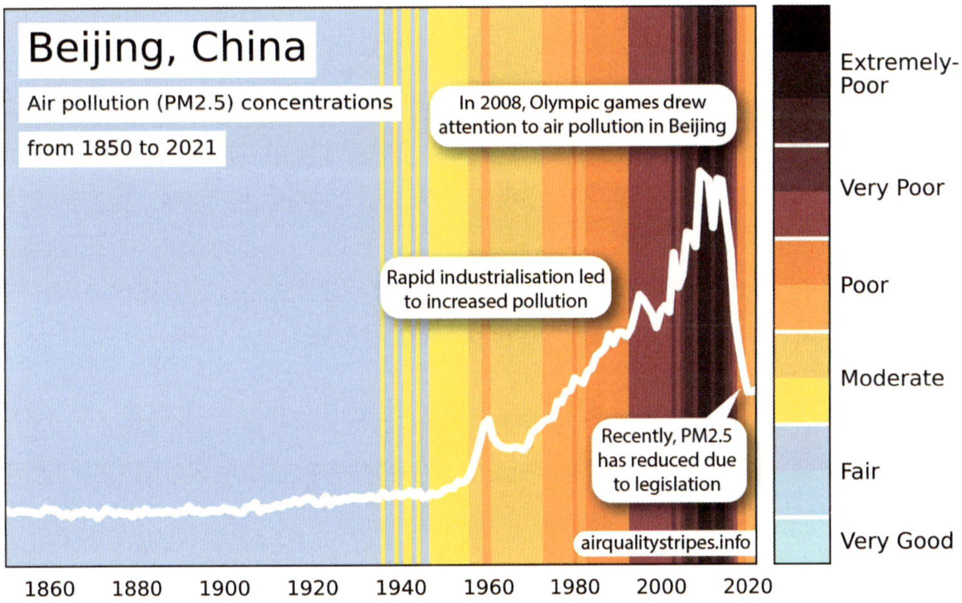


图2-3-2 1850—2021年北京空气污染程度（PM2.5）的变化趋势图

## 2.4 图形关系

可以用句法结构来理解图形关系的本质。图形空间和该空间所包含的图形对象及其视觉属性可以共同被视为图形表达的“构件”，图形关系就是将这些“构件”组合成完整句法结构的方式。在接下来的内容中，我们首先将研究不同图形对象之间以及对象与空间之间的组织关系，然后详细列出图形对象在各种句法结构中可能扮演的句法角色，最后讨论复合句法结构的构建方式，为后续的信息图形设计提供理论指导。

## 2.4.1 图形对象的组织关系

图2-4-1列出了图形间的几种组织关系，主要包括有意义空间中对象与位置之间的空间关系、对象间的空间关系以及对象间基于属性的关系。本小节主要聚焦于空间关系所构成的句法结构，即对象与位置的空间关系以及对象和对象之间基于空间的关系。

### 2.4.1.1 对象-对象关系

不同类型的对象间关系可以根据图形对象空间排列的方式来区分，我们将对象间关系的基本类型分为空间聚类、分隔符分隔、队列、连接符连接、容器包含和重叠。需要注意的是，一组图形对象之间有时会同时存在两种或多种类型的关系，并相互影响。

A. 空间聚类

空间聚类是指若干图形对象通过空间上的接近性或相邻性来建立关联，从而使得图形对象群集划分成不同子集的空间排列方式，这与格式塔原理中的接近性原则有相通之处。此外，在空间聚类关系中，靠近或聚集在一起的多个对象之间常常具有某种类似性，如相仿的形状、颜色、大小、功能等。通过将相关的对象聚集在一起，不仅可以在图形空间中形成明确的簇群，而且提供了一种有序性、整体性的视觉表达，有利于读者快速识别图形对象之间的组织结构和关联特征。

如图2-4-2，该图以“海洋死区”的概念为切入点，表现了藻类对其他水生生物的潜在威胁（在藻类大量繁殖和其他因素如农业化肥造成的河流污染的共同作用下，深水中会“缺氧”，导致氧气水平不足以供应大多数海洋生物的生存需求，大多数海洋生物要么死亡，要么离开该地区，这种区域被称为“死区”）。而此图形式上正是运用了空间聚类的方法，即将相似的生物集群放置在一起，并通过空间距离来创造明显的分隔，从而清晰地展示出了海洋不同深度层次下的物种分布。

B. 分隔符分隔



空间聚类是利用组间距离即空白空间来实现图形对象的分离，而分离图形对象的另一种方法则是使用分隔符进行分离。通过使用分隔符可以直观地区分图形空间的不同区域，提供清晰的信息组织，增强图形的可读性。

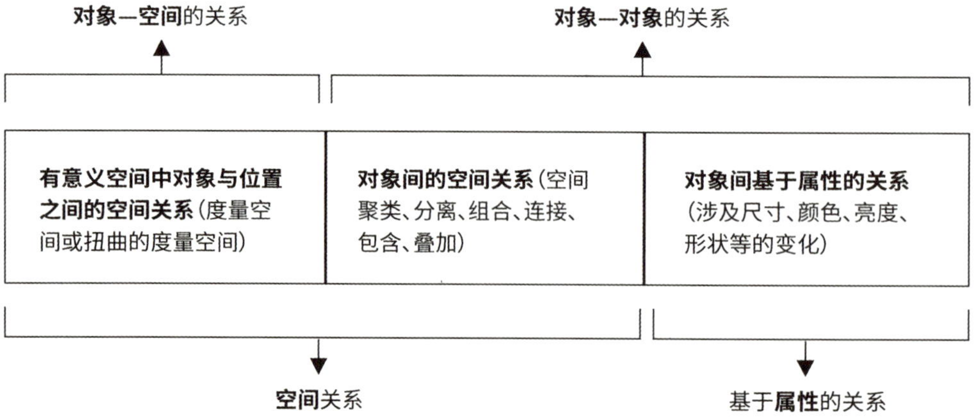


图2-4-1 图形对象关系的不同种类

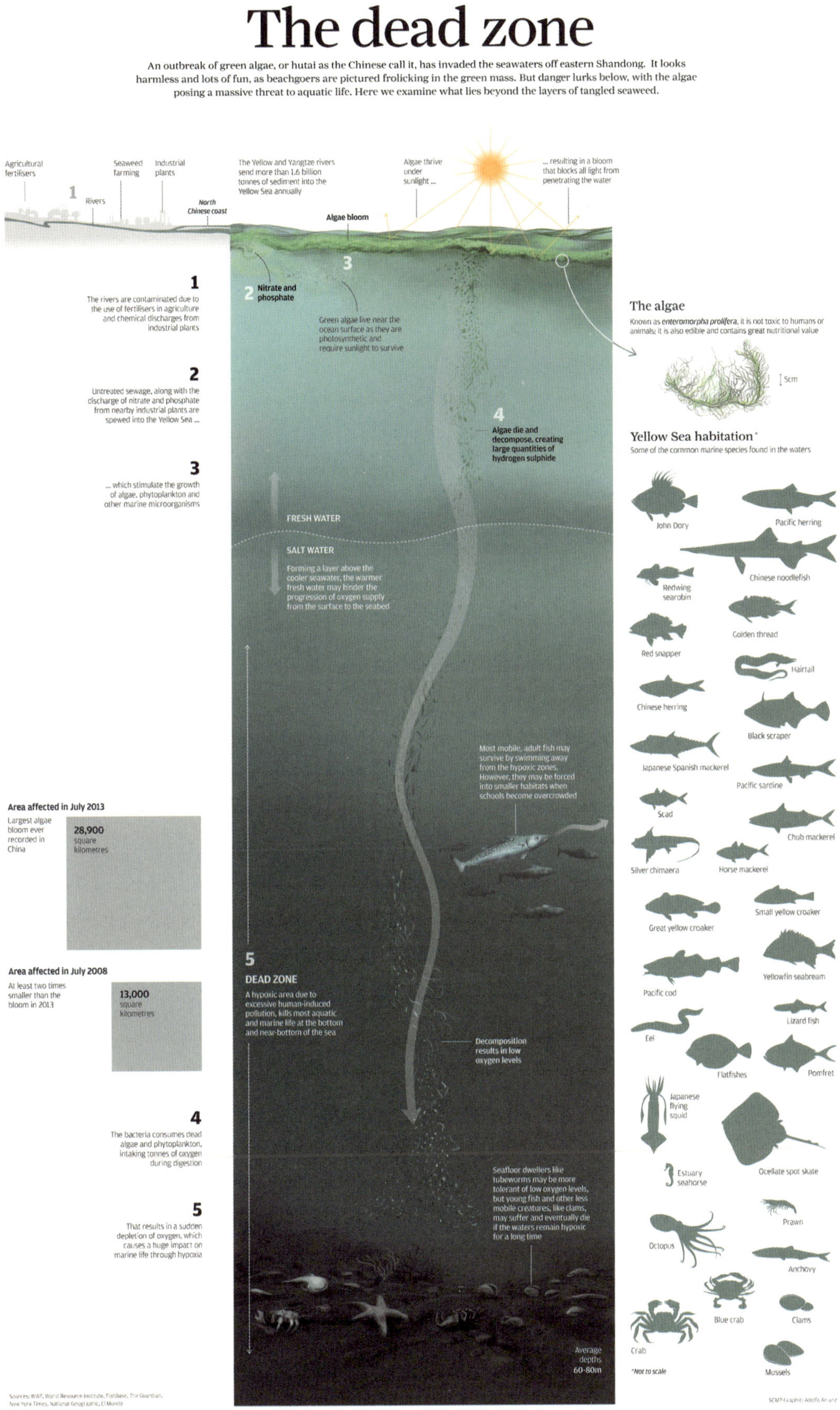
The dead zone
An outbreak of green algae, or hutai as the Chinese call it, has invaded the seawaters off eastern Shandong. It looks harmless and lots of fun, as beachgoers are pictured frolicking in the green mass. But danger lurks below, with the algae posing a massive threat to aquatic life. Here we examine what lies beyond the layers of tangled seaweed.
Agricultural fertilisers
Seaweed farming
Industrial plants
Rivers
North Chinese coast
The Yellow and Yangtze rivers send more than 1.6 billion tonnes of sediment into the Yellow Sea annually
Algae thrive under sunlight ...
... resulting in a bloom that blocks all light from penetrating the water
Algae bloom
1
The rivers are contaminated due to the use of fertilisers in agriculture and chemical discharges from industrial plants
2
Untreated sewage, along with the discharge of nitrate and phosphate from nearby industrial plants are spewed into the Yellow Sea ...
3
... which stimulate the growth of algae, phytoplankton and other marine microorganisms
2 Nitrate and phosphate
3
Green algae live near the ocean surface as they are photosynthetic and require sunlight to survive
4
Algae die and decompose, creating large quantities of hydrogen sulphide
FRESH WATER
SALT WATER
Forming a layer above the cooler seawater, the warmer fresh water may hinder the progression of oxygen supply from the surface to the seabed
Most mobile, adult fish may survive by swimming away from the hypoxic zones. However, they may be forced into smaller habitats when schools become overcrowded
Area affected in July 2013
Largest algae bloom ever recorded in China
28,900 square kilometres
Area affected in July 2008
At least two times smaller than the bloom in 2013
13,000 square kilometres
5
DEAD ZONE
A hypoxic area due to excessive human-induced pollution, kills most aquatic and marine life at the bottom and near-bottom of the sea
Decomposition results in low oxygen levels
4
The bacteria consumes dead algae and phytoplankton, intaking tonnes of oxygen during digestion
5
That results in a sudden depletion of oxygen, which causes a huge impact on marine life through hypoxia
Seafloor dwellers like tubeworms may be more tolerant of low oxygen levels, but young fish and other less mobile creatures, like clams, may suffer and eventually die if the waters remain hypoxic for a long time
Average depths 60-80m
The algae
Known as enteromorpha prolifera, it is not toxic to humans or animals; it is also edible and contains great nutritional value
5cm
Yellow Sea habitation*
Some of the common marine species found in the waters
John Dory
Pacific herring
Chinese noodlefish
Redwing searobin
Golden thread
Red snapper
Hairtail
Chinese herring
Black scraper
Japanese Spanish mackerel
Pacific sardine
Scad
Chub mackerel
Silver chimaera
Horse mackerel
Small yellow croaker
Great yellow croaker
Yellowfin seabream
Pacific cod
Lizard fish
Eel
Flatfishes
Pomfret
Japanese flying squid
Ocellate spot skate
Estuary seahorse
Prawn
Octopus
Anchovy
Blue crab
Clams
Crab
*Not to scale
Mussels

图2-4-2 藻类繁殖及河流污染等因素影响下的海洋生物分布结构（Adolfo Arrznz）

分隔符是固定在需要分隔的图形对象之间的线形或条形的图形对象，需分离的对象被固定在分隔符的两侧。分隔符的形式较为多元，它既可以是水平的直线，也可以是在各个方向自由运行的曲线，还可以是其他各种形状。例如可以通过弯曲分隔线将一组图形对象分成子集。图2-4-3所示的案例展现了使用虚直线分隔符进行的水平分隔。

分隔既可以是有序的，也可以是无序的。有序分隔是指分隔所得的图形对象子集的空间顺序是有意义的，它常常基于某种明确的逻辑、结构或关系，方便读者更好地观察比较不同部分之间的顺承性或差异性。无序分隔是一种没有特定意义的分隔方式，经常应用于艺术作品或创意设计中，能够为观者带来一种耳目一新、动静结合的视觉体验。

C. 队列

队列是指图形对象以“队列”的形式排成一个线性序列，每个图形对象都有两个相邻的对象（队列两端的两个除外）。与分隔类似，队列可以是有序的（图形对象的排列顺序有意义），也可以是无序的（图形对象的排列顺序无意义），在无序排列中，元素的位置切换并不会改变表达的预期含义。如图2-4-4所示，这张纪念美国知名儿童节目主持人弗雷德·罗杰斯（Fred Rogers）先生的作品便可视为有序队列的案例，该图中的诸多条形色块按照时间顺序进行排列，展现出他在其所开创的儿童教育节目《罗杰斯先生的邻居》中所穿着的服装色彩变化。

队列在应用过程中常见的呈现方式是比例重复。它和条形图类似，都可以用于表达数量比例：在条形图中，我们使用不同长度的水平矩形（或竖直矩形）来表示不同组别之间的数量差异；而在比例重复中，我们通常将一个图形对象的若干副本按照均匀分布的方式排成一列，然后通过观察副本的数量多少或构成复合图形的大小（或长短）来了解每个组别的定量信息。当然，为了便于比较，我们通常会把比例重复形成的多个队列排列在一起进行显示，这些队列共享一个公共基线，最终形成的展示形式与条形图中的度量条非常相似。图2-4-5是比例重复的一个示例，展现了不同年份的工人数量与摩托车产量的对比信息。



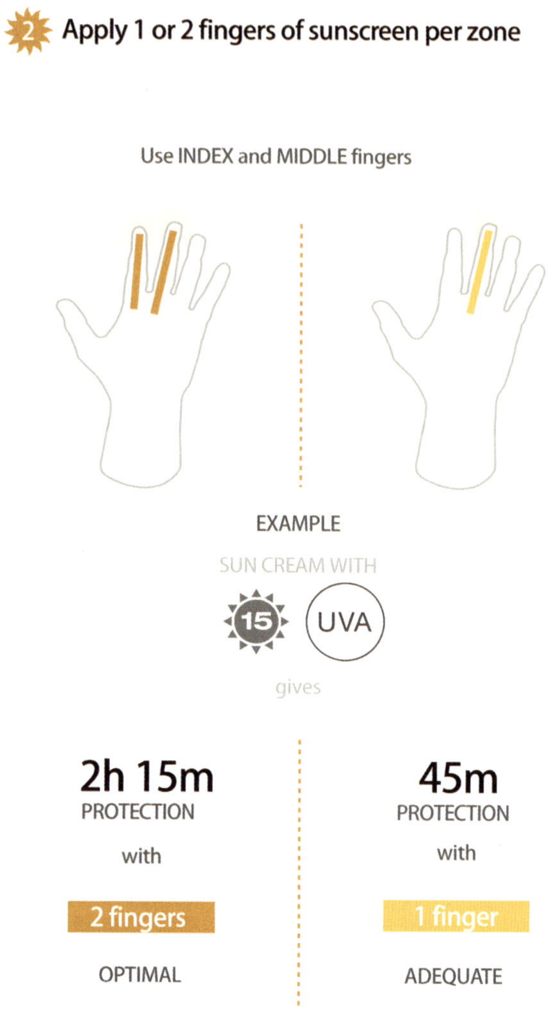


图2-4-3　如何使用防晒霜（David McCandless）

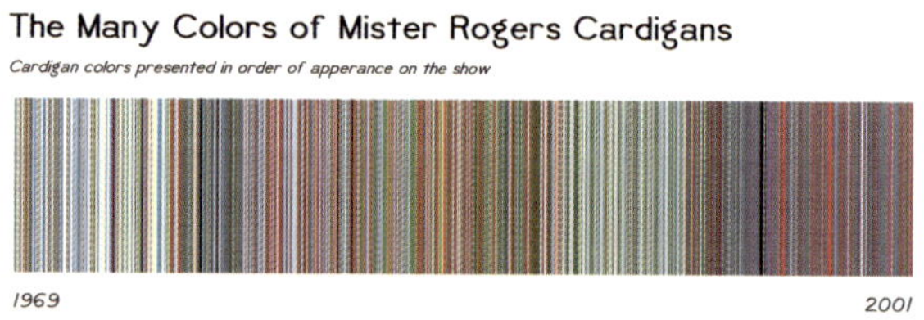


图2-4-4　1969年至2001年弗雷德·罗杰斯先生羊毛衫的颜色展示（Owen Phillips）

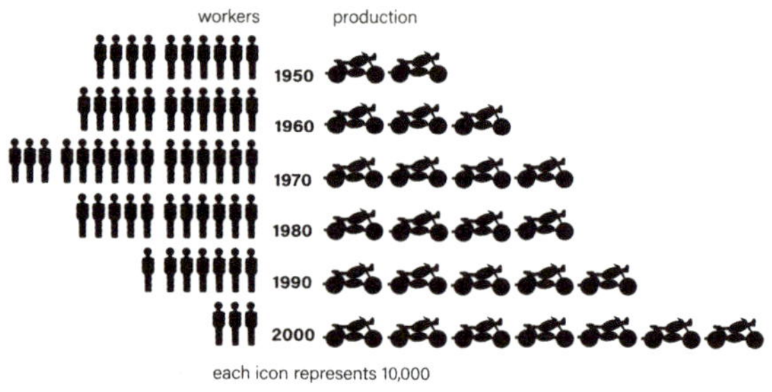


图2-4-5　摩托车生产数量和参与生产工人数量的变化率（Otto Neurath）

D. 连接符连接

连接符连接这一图形关系的基本类型涉及两种语法角色的图形对象：节点和连接符。连接符是用箭头、带状物或线条表示的图形对象，可定位到其他两个图形对象（节点）上并将它们连接起来。

根据连接对象的不同，连接符可分为概念连接符、物理连接符、标签和标签化对象之间的连接符，它们在图形设计中有着不同的应用。如图2-4-6典型蕨类植物的生命周期图中箭头可以看作概念连接符，该连接符并不代表实体的相连，而是表达植物不同阶段间的相互转换和演变；而我们熟悉的地铁图中的连接符则被视为物理连接符，展现的是交通网络之中车站站点之间的连接；图2-4-7中的线条将盔甲的不同部位（如臂甲、马刺、头盔等）与其具体的名称和功能连接起来，其用途是为标签化对象（盔甲部位）与标签（文字说明及功能图解）之间建立成对的连接关系。

根据形态的不同，连接符又可分为定向的箭头以及非定向的线条等。需要注意的是，并非所有的箭头都是连接符。如图2-4-8，中间的水平箭头是一个连接符，但右侧的竖直箭头只是一个“移动箭头”，表示对象在空间中的物理移动，而不是两个对象之间的连接。这种箭头可以看作是图形空间中的线定位器，用于跟踪物理空间中对象的运动路径。此外，箭头在生活中也常作为独立符号出现，表示“走这条路”。

E. 容器包含

容器包含涉及两种不同的句法角色，即节点和容器。容器通常是一个可见的形状，例如矩形、圆形等，它作为图形对象的一部分而存在，并通过视觉上的边界或包围效果将若干图形对象（即节点）置于自身内部，以明确表达对象之间的归属关系。在图2-4-9中，头部不同器官作为容器包含着不同的图形对象，展现出我们的脑力并非无限，而是很容易被一些看似无害的习惯消耗殆尽，这些习惯主要包括查看新闻、多任务处理、畸形攀比和安慰性进食等。

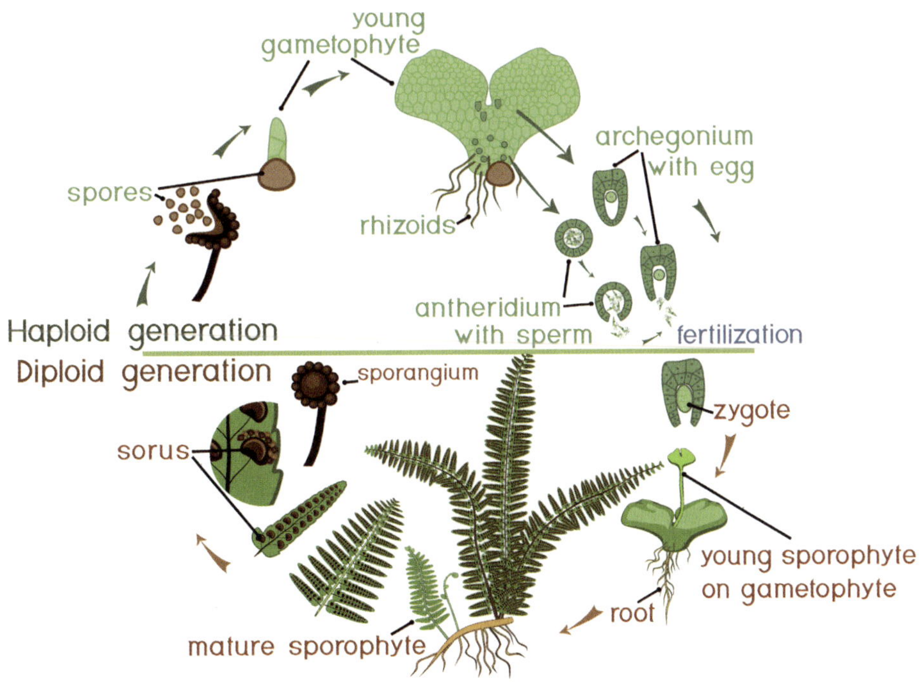


图2-4-6 典型蕨类植物的生命周期图（Mariaflaya）

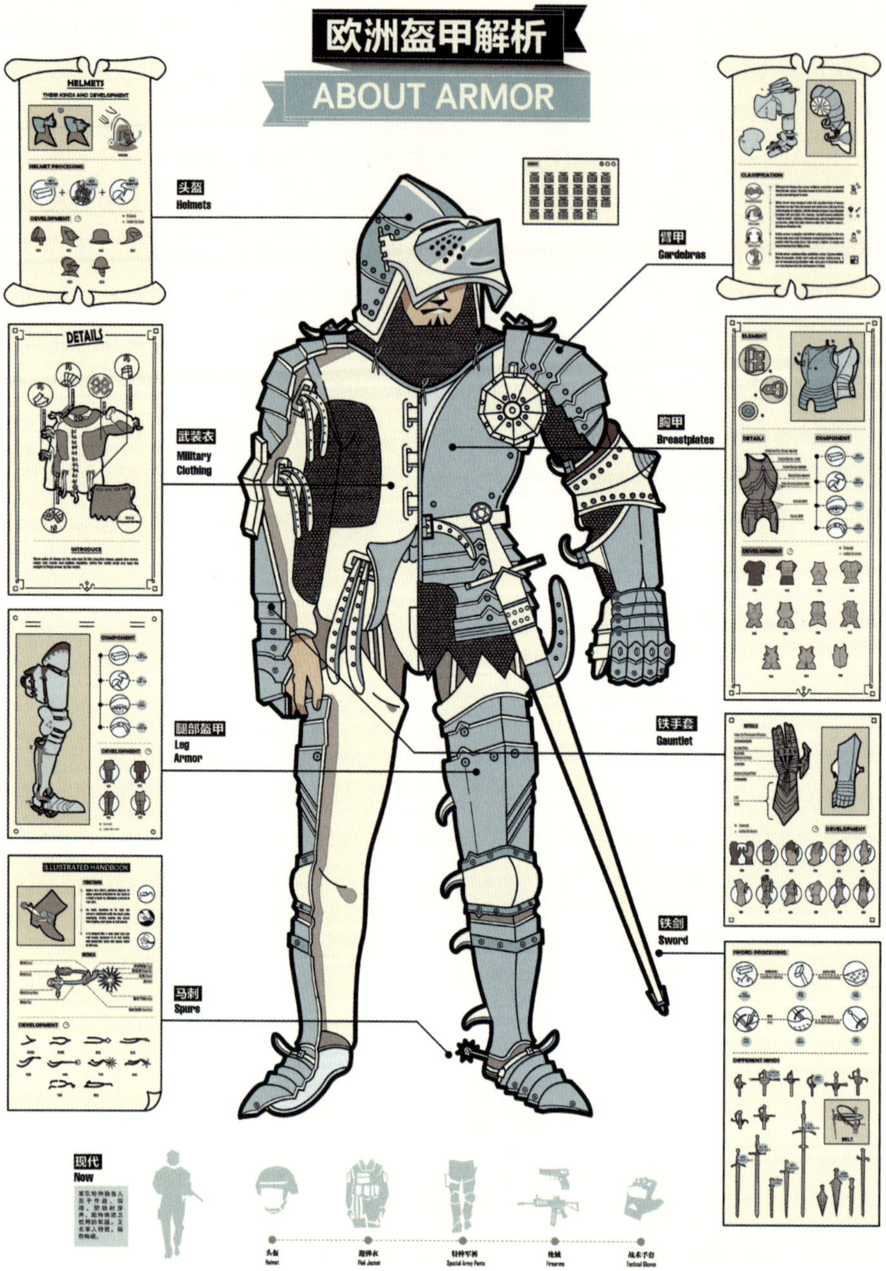


图2-4-7　欧洲盔甲解析

图2-4-8　连接符箭头与移动箭头（刘蓓佩 绘）

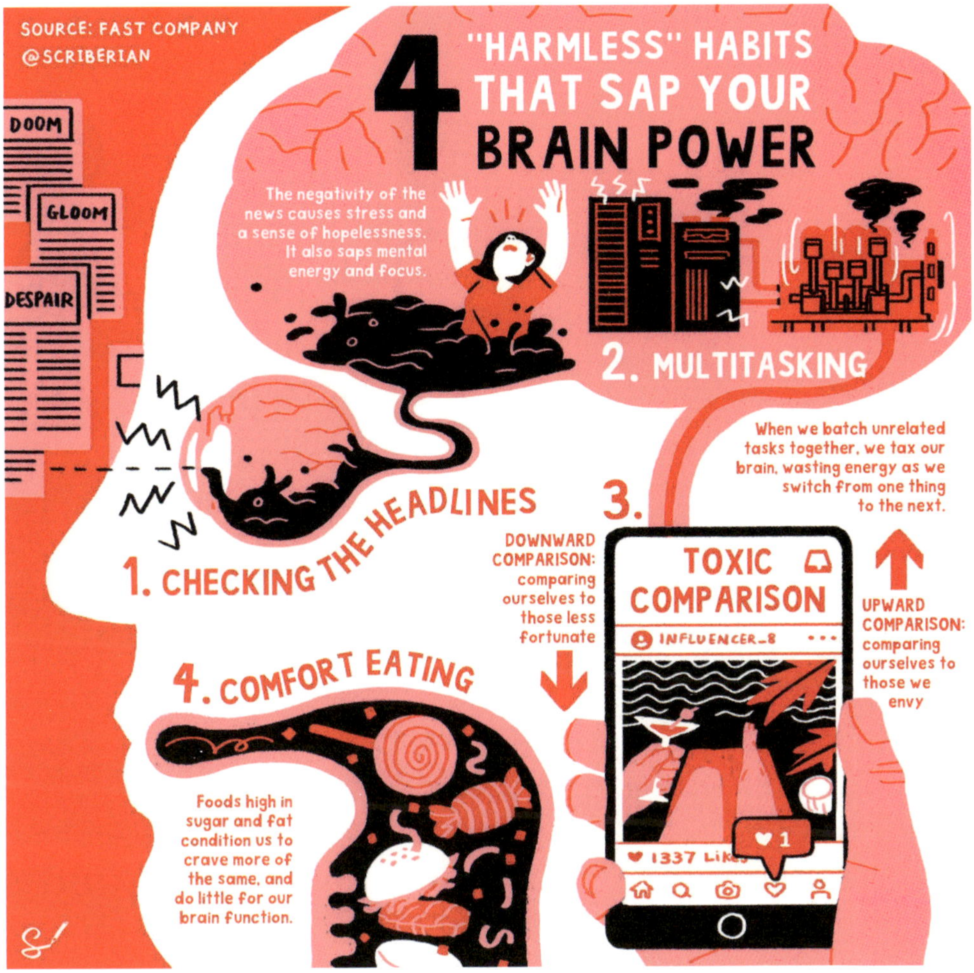
SOURCE: FAST COMPANY
@SCRIBERIAN
4 "HARMLESS" HABITS THAT SAP YOUR BRAIN POWER
DOOM
GLOOM
DESPAIR
The negativity of the news causes stress and a sense of hopelessness. It also saps mental energy and focus.
1. CHECKING THE HEADLINES
2. MULTITASKING
When we batch unrelated tasks together, we tax our brain, wasting energy as we switch from one thing to the next.
3.
DOWNWARD COMPARISON: comparing ourselves to those less fortunate
TOXIC COMPARISON
INFLUENCER_8
1337 LIK
UPWARD COMPARISON: comparing ourselves to those we envy
4. COMFORT EATING
Foods high in sugar and fat condition us to crave more of the same, and do little for our brain function.

图2-4-9　四种消耗脑力的“无害”习惯（Scriberia）

在有些情况下，即使图形对象内部没有实际内容，但它们仍然可以被视为潜在的容器。韦恩图是一个典型的案例，比如图2-4-10包含了三个相互穿插的圆，它们可以看作是三个容器，其间分别包含了三个单词字符。此外，两个圆或者三个圆之间的重叠区域也可看成是容器，代表了两个或多个集合的交集。

在信息图形设计中，图标是容器包含关系使用最多的场景之一，它通常以一组或一系列的方式呈现，具有统一的视觉效果。对于图标设计来说，其构成除了容器对象，还包括内容对象、标签和修饰符等。其中内容对象指放置在容器内部的图形元素，能够显示出图标的特定主题；标签是附加到图标上的文本或描述性元素，用来提供额外的说明；修饰符主要用于增强图标的视觉效果或补充提供额外的信息，它一般被叠加在内容对象之上，面积比内容对象要小，因此不会改变整体的图形形状。

此外，“交通标志语法”也是容器包含关系的常见应用。这是一种用来传达道路交通规则等信息的特定视觉语言，如图2-4-11所示，其设计需要先进行内容对象的选择（如自行车、车、飞机等交通工具），然后将所选的内容对象放置到特定的容器对象中（如圆形、正方形、三角形等不同的几何图形），注意不同的形状可能代表不同的含义（如许可、禁止、注意等）。

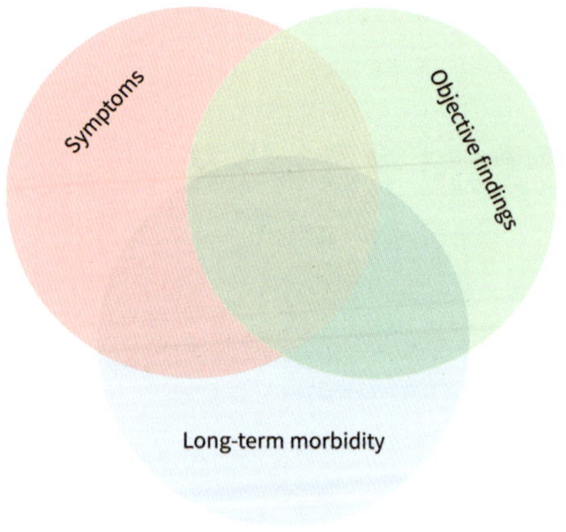


图2-4-10　临床因素的概念关系

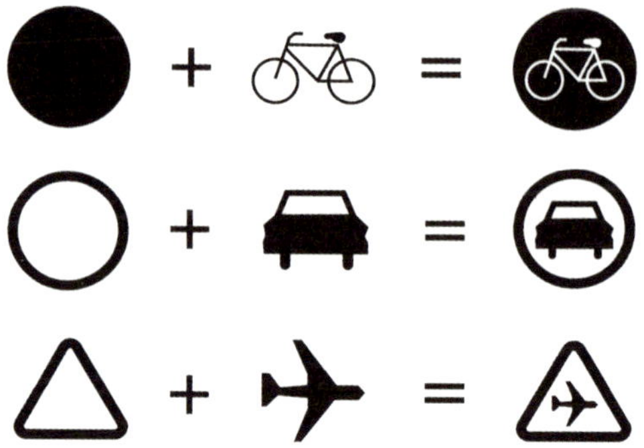

图2-4-11　交通标志复合符号

F. 重叠

重叠涉及前景对象和背景对象，前景对象位于背景对象的前方，对背景对象在视觉上产生了部分遮挡。这种遮挡带来了图形空间的层级关系，使得整个图形对象可以按照不同的视觉层进行划分。如图2-4-12所示，该图整体可以看作由前景对象和背景对象两部分通过重叠方式组成的信息图形，其中前景对象是上层的动物图片（渡渡鸟、平塔岛陆龟），背景对象是下层的二维坐标系。

由于信息图形表达的“平面性”，包含与重叠看起来比较相似，都体现为一个图形对象的可视区域部分或完全位于另一个图形对象的可视区域内部。它们的区分有多种方式：其一是如果所有图形对象占据同一个视觉层时就是包含结构，如果占据不同视觉层则为重叠结构；其二是看图形对象是否超出了其背景对象的可视区域，在重叠结构中，前景对象可能会超出背景对象的范围，而被包含的对象则通常不会超出其底层边界；其三是包含结构中较小的图形对象与较大的图形对象通常具有一定的依赖或从属关系，重叠结构则侧重对象之间的位置关系，更多强调的是上层对象的视觉优先性。

不过有些图形对象既可以解释为包含结构，也可以解释为重叠结构，如图2-4-13所示的交通标志就可被视为：



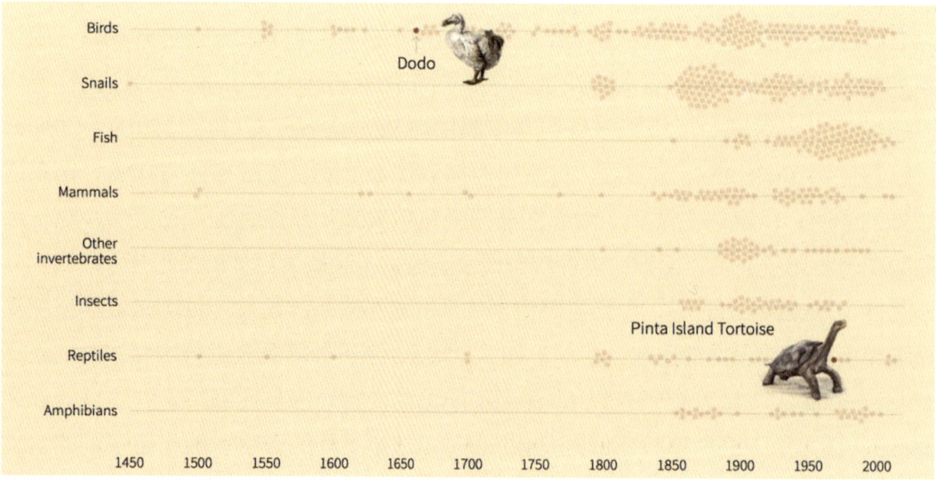


图2-4-12　全球濒危物种随时间灭绝情况可视化（*Reuters*）

图2-4-13　停车让行三角警示牌

- 文字/象形图被包含在红色三角中，二者共享了同一个视觉层；
- 文字/象形图被重叠在红边背景上，二者占据了不同的视觉层。

#### 2.4.1.2 对象-空间关系

在学习对象-空间关系之前，首先要充分理解有意义的空间。想象一下我们坐在咖啡厅里，用三个咖啡杯的排列来表示北京相对于上海和广州的位置，这里的桌面便构成了一个有意义的空间——其上的每一个位置都被赋予了地理意义，我们可以在该空间中轻松指示出北京的相对地理位置。这个有意义的空间甚至还可以延伸到桌面之外，比如另一桌的顾客可能正好处于新加坡的位置。类似地，当我们绘制图表时，横纵坐标轴就创建出了一个有意义的空间，即使坐标轴上还没有任何数据，空白图表上的每个位置也已经被赋予了意义。时钟的表盘同样也是一个有意义的空间，它将一天的时间沿着圆的空间进行分配，使得每个位置都具有独特的含义，即代表着一天当中的不同时间段。下面我们将有意义的图形空间划分为度量空间与扭曲度量空间两种类型，并分别对其进行讨论。

##### A. 度量空间

度量空间是对图形对象的度量进行解释的图形空间，基于此我们可比较两个对象之间的距离、大小或位置差异，并计算出相应的比率，如“A和B之间的距离是B和C之间距离的两倍”。度量空间主要涉及度量轴、基本度量空间、完整度量空间和复合度量空间等概念。

度量轴是创建图形空间的一种方式，它通常是单一维度上的线性刻度，如时间线、数轴或温度计指数等。在度量轴上，沿轴线所测量出的空间距离之间的比率是有意义的，因此我们可以用不同点之间的位置来反映其属性的差异，例如在时间线上，相邻两点之间的距离正比于二者的时间差异。

基本度量空间可以是具有单一度量轴的图形空间（如时间线），也可以是一个复合度量空间的局部表达。完整度量空间是二维或是三维的图形空间，如地形图、三维物理对象的绘图（如图2-4-7中的人体）等。它能够提供一种以可视化方式解释各种物体或现象的方法，有助于我们更好地理解分析复杂的结构和关系。

复合度量空间由两个或者多个基本度量空间构成，最简单的复合空间是由两个正交度量轴组合而成的一个双轴图，利用它便可以同时表示两个维度之间的度量关系。该概念的典型案例是苏格兰工程师、经济学家威廉·普莱费尔（William Playfair）为《商业与政治地图集》所绘制的关于英格兰与丹麦、挪威1700—1780年进出口贸易情况图。如图2-4-14所示，红线代表出口额，黄线代表进口额，横轴与纵轴分别表示年份与金钱的依次增加，从两条曲线的交汇中我们可以看出，1754年以前，出口额低于进口额，之后出口额逐步开始超过进口额。

那么如何区分完整度量空间与复合度量空间呢？二者之间的区别主要在于方向对距离测量的限制性：在完整度量空间中，无论从何种方向（水平、垂直或对角线方向等）测量两个位置之间的距离，所得到的空间距离都是有意义的，这意味着我们可以仅根据直线距离来比较两个点之间的远近。举个例子，如果想比较地图上两个人离各自工作地点的路程远近，我们只需要测量这两个空间位置之间的距离，而不必考虑他们上下班的实际路径或方向。但复合度量空间则限定了某个特定方向上的距离才有意义，如图2-4-14中沿对角线方向测出的两点距离是没有意义的。

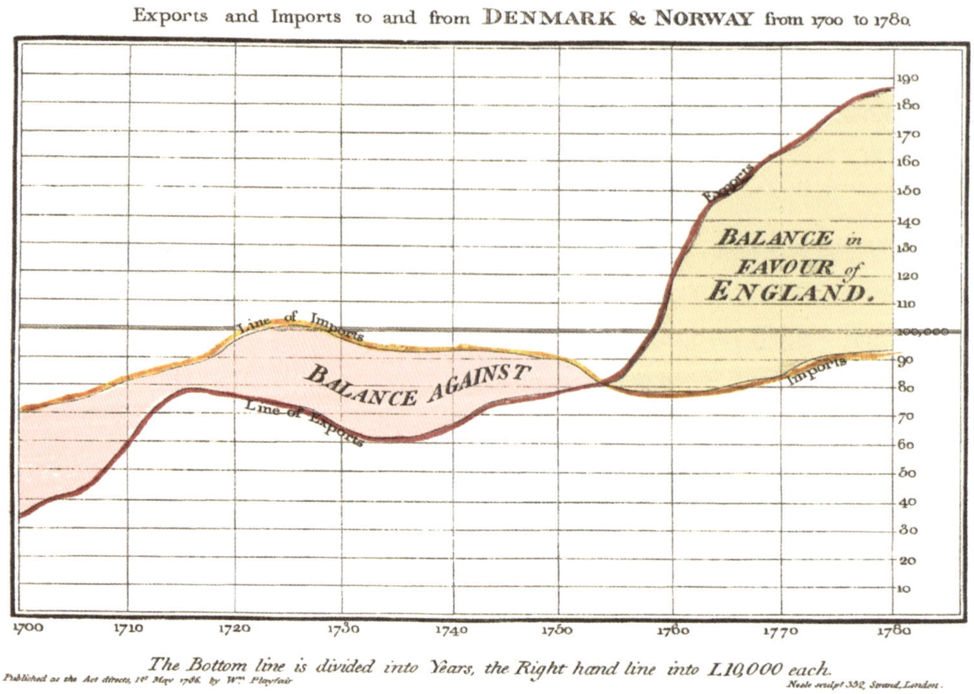


图2-4-14　英格兰与丹麦、挪威的进出口贸易时间序列

B. 扭曲度量空间

扭曲度量空间是指度量空间经过一定变形后得到的空间，我们可以想象一个度量空间被印在有弹力的平面上，接着不均匀地拉伸该平面后所形成的新度量空间。在这个空间中，空间距离虽然无法完全精确地表示，但却保留了排序和近似方向，这意味着我们可以根据物体之间的相对位置及邻近顺序来传达有用的信息。

由于扭曲度量空间改变了对象之间的度量关系，因此它允许我们引入更多的映射，以适应现实世界中更为复杂的情况。例如，我们常常需要将地球表示为平面地图以进行有效的呈现，然而从球面到平面的投影不可避免地会产生一定的畸变，不可能实现完全精确的映射。因此，严格来说，所有的地图都是扭曲度量空间。这也对应着美国科学家及地理学教授艾伦·麦克伊钦（Alan MacEachren）的那句话，“地图空间是对世界空间的转化和篡改”。



有时候，为了在有限的平面上尽可能完整地展示复杂的空间关系，设计者会对地理特征进行适度的变形和压缩，这也是扭曲度量空间在地图制作中的典型应用之一。如图2-4-15所示的用来描绘18世纪30年代巴黎市区的杜尔哥巴黎地图，该图出版于1739年，其扭曲主要体现在街道宽度与建筑物之间的比例失调，这是为了减小建筑物在视觉上的相互遮挡，从而更清晰地展示街道走向和交通网络。

伦敦地铁线图也是一个典型的扭曲度量空间，该图并非按照实际距离绘制，而是根据设计者和乘车者的需求进行布局，旨在清晰地展示出地铁线路和交通站点之间的连接关系。每个节点（即车站）都按照与物理世界相对应的顺序和方向进行排列，以便乘客能够方便地识别线路或换乘列车，然而节点之间的距离并没有实际的空间意义。

### 2.4.1.3　对象-对象关系与对象-空间关系的差别

A. 对象的锚定位置

在语言学中，不同类型的语言成分之间通常存在着特定的依存关系，这种关系我

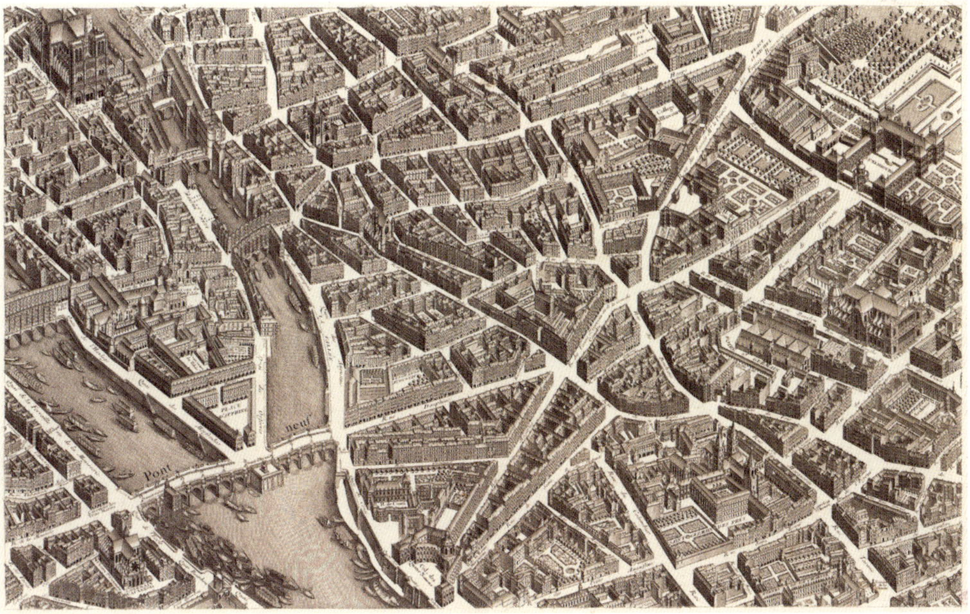


图2-4-15 杜尔哥巴黎地图（Louis Bretez）

们称之为“锚定”。例如副词通常与动词锚定在一起，用来描述动作的方式；不及物动词通常与名词短语相锚定，表示主语的动作；而及物动词则通常被锚定在两个名词短语上，代表主语对宾语的动作。类似地，在视觉表达中，锚定关系同样适用于不同图形对象之间的连接，如标签通常被锚定到一个节点上、连接符通常被锚定在两个节点上、点定位符通常被锚定在有意义空间中的某个点上、面定位符通常被锚定在有意义空间的一组点上等。

经过对比我们可以看出，在对象-对象关系中，图形对象大多被锚定在一个或多个其他对象上。而在对象-空间关系中，图形对象则会被锚定在其所涉及有意义空间中的一个或多个空间位置上。不过在有些情况下，一些图形对象既不需要被固定在有意义空间中的某个位置，也不需要与其他的图形对象搭配使用，如在空间中随意排列的图形对象。

B. 对象的自由程度

对象-对象关系中的图形对象在其空间位置上通常具有一定的自由度，如地图上的城市名称可能出现在其“城市点”的上方、下方、左侧或右侧，这主要取决于设计布局的考虑以及可读性的需求，我们可以根据实际情况选择最佳的布局方式。然而，在对象-空间关系中，图形对象在其涉及的度量空间（或扭曲度量空间）中的空间位置是固定的，如地图上“城市点”的精确位置必须严格（或按照某种调整原则）对应实际的地理坐标，不可随意更改。

C. 可以表达的关系

通过对象-对象关系的使用，我们可以表示出有关关联、分离和顺序等信息，这些信息具体可能表现为两个或多个对象之间的某种相似关系、独立关系或从属关系等。而对象-空间关系表示的是有关顺序、比例和方向等信息，如若干对象在空间中的位置所在、大小占比或相对朝向等。（图2-4-16）

| | 对象—空间关系<br>举例：<br>在地图上的一条线代表一条河流 | 对象—对象关系<br>举例：<br>一个包含河流名称的文本标签 |
|---|---|---|
| 对象被锚定在 | 有意义空间中的一个或多个点 | 一个或多个其他对象上 |
| 空间定位的精确性 | “严格”锚定<br>（固定位置） | “松散”锚定<br>（一定程度的自由） |
| 可以表达的关系 | 顺序、比例、方向 | 关联、分离、顺序 |

图2-4-16　对象-空间关系与对象-对象关系的区别

## 2.4.2　图形对象的句法角色

在学习对象-对象关系与对象-空间关系之后，我们将要开始了解图形对象在这些结构中可能承担的句法角色。

可以借助语言学知识来理解图形对象的“句法角色”。句法结构是指一个句子以何种方式组织起来（如主谓宾、主系表等结构），它与图形语法中的图形关系（对象-对象关系和对象-空间关系）类似。句法角色是指句子中的元素（如一个词或一个短语）在构成语句时所扮演的角色（如名词、动词、形容词、副词等），将此概念类比到信息图形中，则代表图形对象在其所属图形关系中承担的作用。为了便于理解，我们就将这种“作用”称为图形对象的句法角色。比如在一个连接关系的句法结构中，图形对象可能会扮演着节点角色或连接符角色。同一个词语在不同的句子中可能会有不同的含义，同样，一个图形对象根据情境的不同也可能承担不同的角色。简言之，了解图形对象的句法角色可以帮助我们更好地把握图形关系的多元结构，这对于后续构建复杂的复合图形对象具有重要的作用。



### 2.4.2.1　对象-对象关系下的句法角色

在对象-对象关系中，图形对象通常被锚定在一个或多个其他对象上，此时其可能担任的句法角色有节点、标签、分隔符、连接符、容器和修饰符等。

### 2.4.2.2　对象-空间关系下的句法角色

在对象-空间关系中，图形对象通常被锚定在一个或多个空间位置上，此时其可能担任的句法角色有点定位符、线定位符、表面定位符、体积定位符、度量条、网格线等。

#### A. 点定位符

点定位符是被定位在有意义空间中的特定点，如地图上的城市符号、散点图中的一个点等。它通常只表示一个具体的坐标点，用于标识某一要素的特定位置，其形状和大小基本上不受束缚，可以根据需要进行调整，不过最为常见的形态一般是圆圈或图标，如图2-4-17中若干以彩色圆点形式呈现的位置定位符。该图借助颜色编码的方式，直观地展现了七位骑行者日常通勤的基本路线，其中圆点标记他们各自的居住区域，即通勤旅程的起点与下班返程的终点。

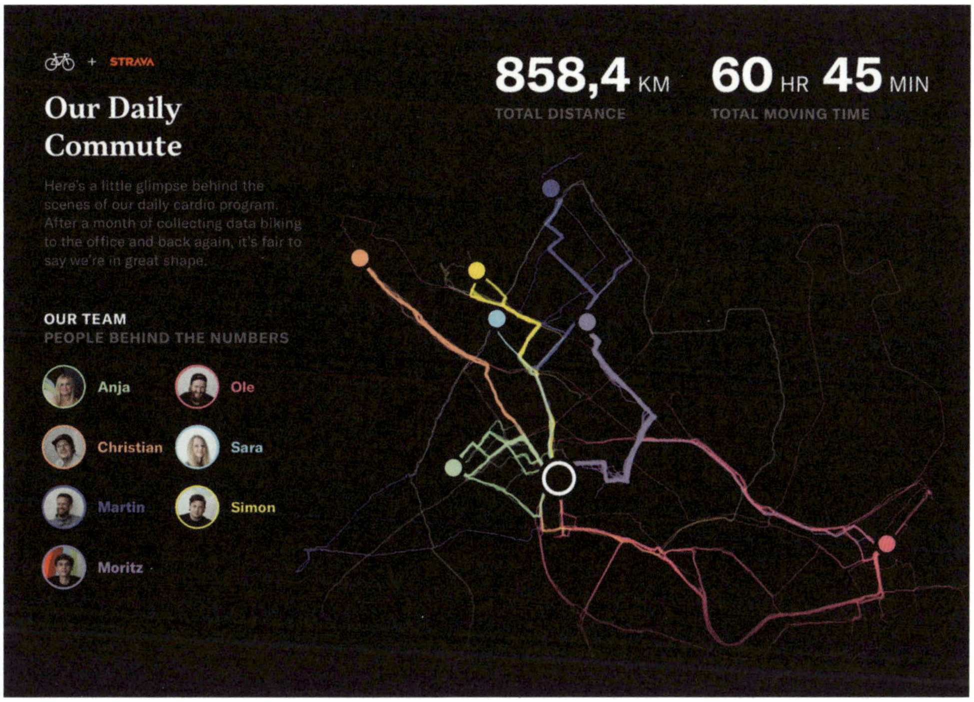
STRAVA
Our Daily Commute
Here's a little glimpse behind the scenes of our daily cardio program. After a month of collecting data biking to the office and back again, it's fair to say we're in great shape.
858,4 KM
TOTAL DISTANCE
60 HR 45 MIN
TOTAL MOVING TIME
OUR TEAM
PEOPLE BEHIND THE NUMBERS
Anja
Ole
Christian
Sara
Martin
Simon
Moritz

图2-4-17 七位骑行者日常通勤的基本路线概览（Bureau Oberhaeuser）

B. 线定位符

线定位符是被定位在有意义空间中的特定线，通常用于指示或界定某个位置、区域或方向，其形状和长度固定，但宽度可以根据需要进行调整，以满足特定场景所需的视觉效果。常见的线定位符有地图上的国家边界及经纬线，交通图中的不同行驶路径等。正如图2-4-18，该图基于美国2020年的人口普查数据，以不同的颜色标记不同的族裔，由此直观地呈现出该地区的种族分布情况。其线定位符在图中纵横交错，用于划分区县位置。

C. 表面定位符

表面定位符是被定位在有意义空间中的特定面，如地图上的湖泊、河流或山脉等。其形状和大小固定，且所占据的区域能够完全覆盖有意义空间中的指定面，因此我们通过表面定位符即可确定某个特定面的界限和范围。在具体应用中，它可以将面定位在二维或三维的有意义空间，如世界地图上的六块大陆，又如图2-4-19所示这张德国杜塞尔多夫城市规划图，其中的每块色面都可视为表面定位符，用于指示不同的区域。

D. 体积定位符

体积定位符是定位在有意义空间中的特定体积，如一张三维图表或物理对象上有标记的立体区域。同表面定位符类似，体积定位符的形状和大小也是固定的，且其所占据的区域能够完全覆盖有意义空间中的指定体积。图2-4-20所呈现的汤加火山各个阶段所喷发的羽流便是体积定位符的一个示例。

E. 度量条

度量条是表示数据的一种图形对象，它由两个点锚定并延伸，一般形成一个矩形或一条线段：度量条的一端被锚定在基准点上，另一端在离基准点一定距离的点上，这取决于数据的值。通过计算度量条两个锚点之间的距离，可以确定度量对象的长度或高度。

图2-4-18　美国匹兹堡周边地区不同种族人群的居住分布情况（Ryan Best、Elena Mejía）

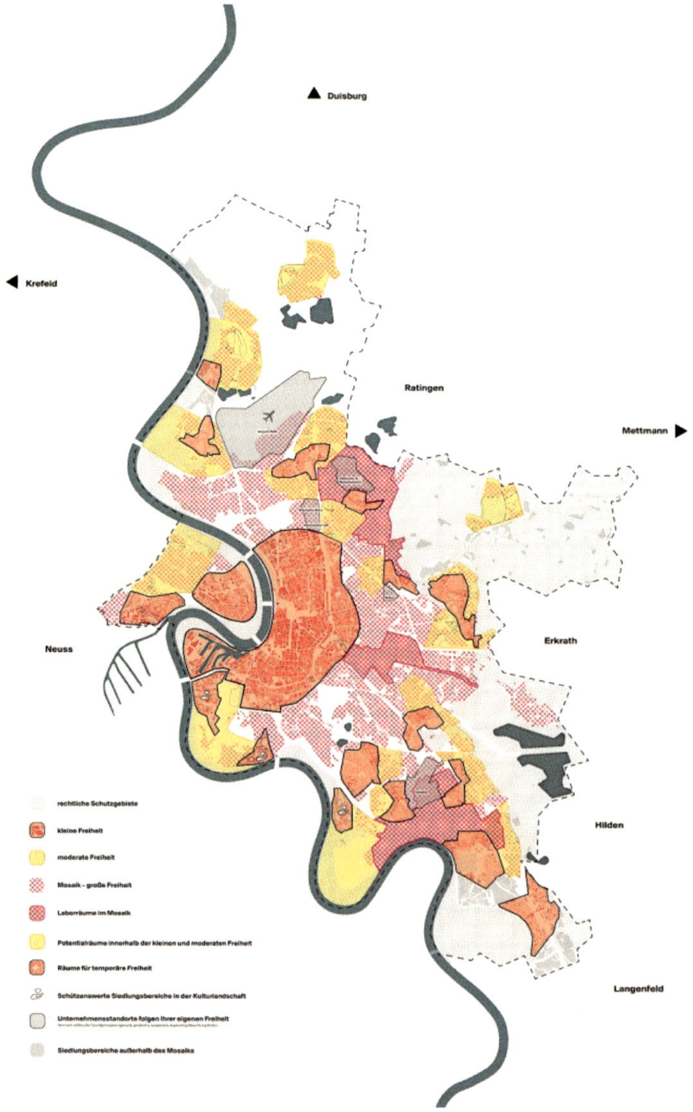


图2-4-19　德国杜塞尔多夫城市规划图

图2-4-20　汤加火山喷发羽流（Manas Sharma、Simon Scarr）

由于数据的限制，度量条的长度或高度是固定的，但其宽度和形状则主要取决于其所要表达的对象，如图2-4-21中的条形图使用了密集的圆点来代替简单的矩形条，形象地展现了电动汽车与燃油汽车的二氧化碳排放量对比。

度量条的一种特殊情况是堆叠条，它是度量条通过比例分割形成的子对象。在堆叠条形图中，每个类别在整体中的比例由堆叠条的相对长度来表示，由此我们能够一目了然地看到各个部分的比例。如图2-4-22通过堆叠条的应用展现出了拉丁裔美国人对气候变化和海洋保护的不同看法。

F. 网格线

网格线是在有意义空间中用于划分和组织的线条，它通常会附着一个或多个用于显示特定位置或数值的标签，这些标签可以帮助我们进一步理解图形对象在有意义空间中的具体含义。

网格线本身是不受约束的，但它有助于解释有意义空间中的对象-空间关系——网格线自身水平和垂直方向的线段形式能够形成规则的交叉点，使得图形对象的位置、距离、大小等更容易被识别或测量，我们也能借此更直接地观察到数据的波动趋势。例如阐释进出口贸易数据的图2-4-14，其横轴代表时间，纵轴代表价值，通过往图上添加密集的网格线，价值变动与年份增长之间的关系便可被读者轻松分析出来。



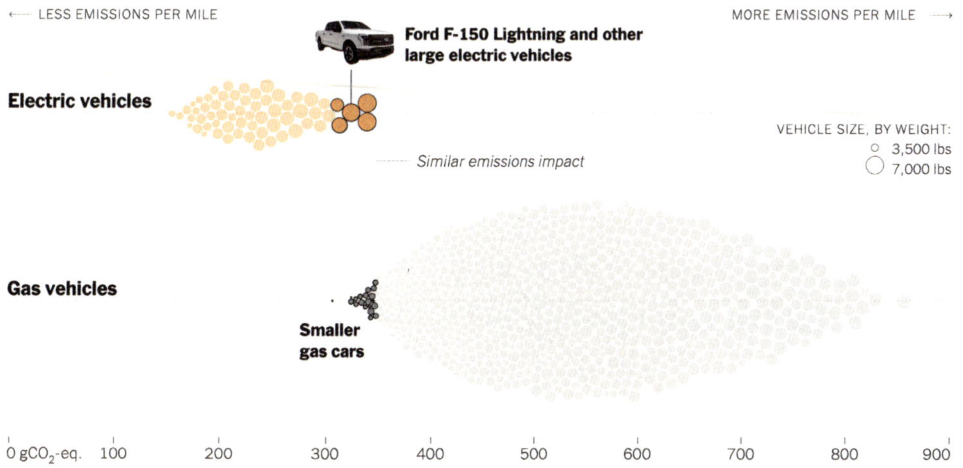


图2-4-21　电动汽车与燃油汽车的二氧化碳排放量对比（Elena Shao）

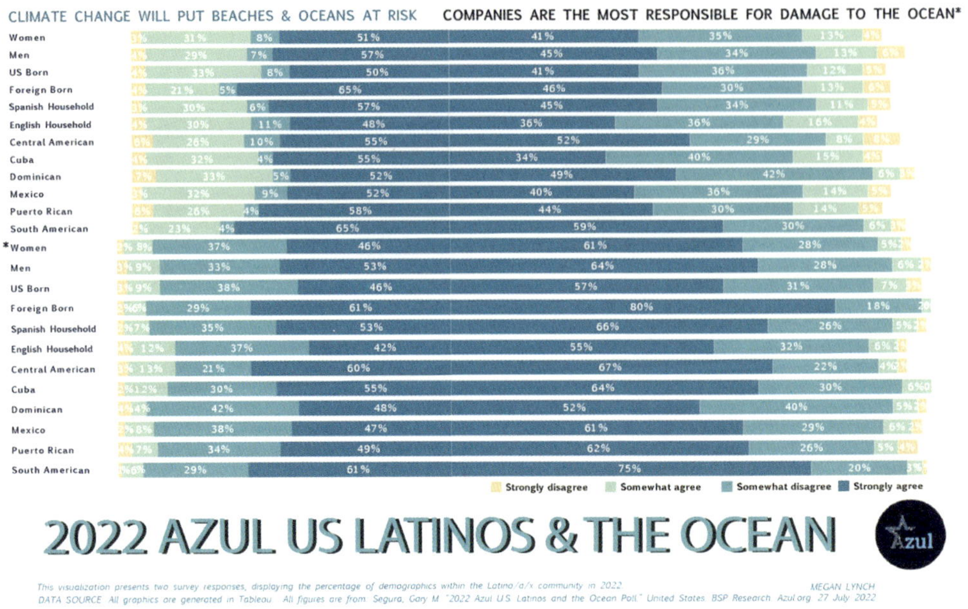

图2-4-22　2022年拉丁裔美国人对气候变化和海洋保护的看法（Megan Lynch）

### 2.4.2.3　小结

从语言学的角度来看，为了分析句子的句法结构，我们需要知道每个词的句法角色是什么。同样，为了分析图形表达的句法结构，我们也需要了解每个图形对象的句法角色是什么。

我们可以在脑海中构想一张地图，地图上显示了主要城市的位置和它们的名字，还有用来表示从一个城市到另一个城市路径的若干箭头。当我们要对这张图进行说明时，需要明确很多信息：标记城市的点是度量空间中的点定位符，而不是任意空间结构中的未编排对象；城市的名称不是点定位符，而是附着在点定位符上的标签对象；路径箭头不是线定位符而是连接线，连接着两个点定位符，并在它们之间延伸。上述过程就是对图形对象所承担的句法角色进行的阐述，类比语言学，就是在一个句子中分解出名词、动词来对句子的结构进行说明。



正确理解图形对象所承担的句法角色非常重要，可以引导我们对图形进行正确的解读。当然，有时无法对所有图形对象的句法角色进行准确判断，可能会存在一些模棱两可的情况。例如地图上代表两国边界的一条线。人们很容易将这种边界的句法角色看作对象-对象关系中的分隔符。但是，地图边界比仅仅分离两个对象的分隔符传递出的信息更多：它定位了相关边界上的每一个点，边界形状和位置的微小变化都对应着所示信息的变化。所以，地图边界所承担的句法角色不应该单纯被视为分隔符，还应该将其归类为度量空间中的线定位符。同样，地图上两个山村之间蜿蜒的道路等也不应该被单纯归类为连接符，还应该被视作度量空间中的线定位符，因为这些道路不仅告诉我们两个地点之间的连接关系，还提供了关于道路形状、走向和距离等方面的信息。

## 2.4.3　复合句法结构

在信息图形表达中，创建复合句法结构是使图形效果更丰富、信息载荷更大的一种常见技巧，而复合句法结构通常是由两个或多个基本句法结构同时组合或嵌套而构成。这里的同时组合和嵌套可以用语言学中的两个例子进行类比，比如“他喜欢吃水果，也喜欢喝咖啡”这个复合长句便是由“他喜欢吃水果”和“他喜欢喝咖啡”这两个并列的简单句同时组合而成的。而在“我知道那个告诉你这个秘密的人”这个句子中，短句“告诉你这个秘密的”则是通过嵌套的方式安插在“我知道那个……人”这一结构之中。理解上述概念后，接下来我们将详细讨论同时组合与嵌套这两种构建复合句法结构的方法。

#### 2.4.3.1 同时组合

在同时组合中，两个或多个位于同一层级的基本句法结构并列在一起，共同构成整体的复合图形对象，典型案例有双轴图、表格等。双轴图是沿水平度量轴和沿垂直度量轴排列的同时组合，它能够提供多维度的数据呈现，使得用户可以比较分析不同变量之间的关系。表格包含了水平分隔和垂直分隔的同时组合，一般通过网格形式来组织数据，其结构清晰易读、整洁有序，便于读者轻松查阅各个单元格中的信息。

如图2-4-23所示，Pavement乐队某专辑歌曲的历年演唱图中，其若干个圆状图形对象也同时参与了多个基本句法结构。它们不仅沿着水平度量轴排列，还通过连接符进行了连接，同时也在垂直方向上进行了分离排列。这也是图形语法不同于语言语法的地方：在语言学中，句法结构通常只涉及单一的维度，一个成分无法同时参与多个句法结构，但在图形中这种组合是被允许的。

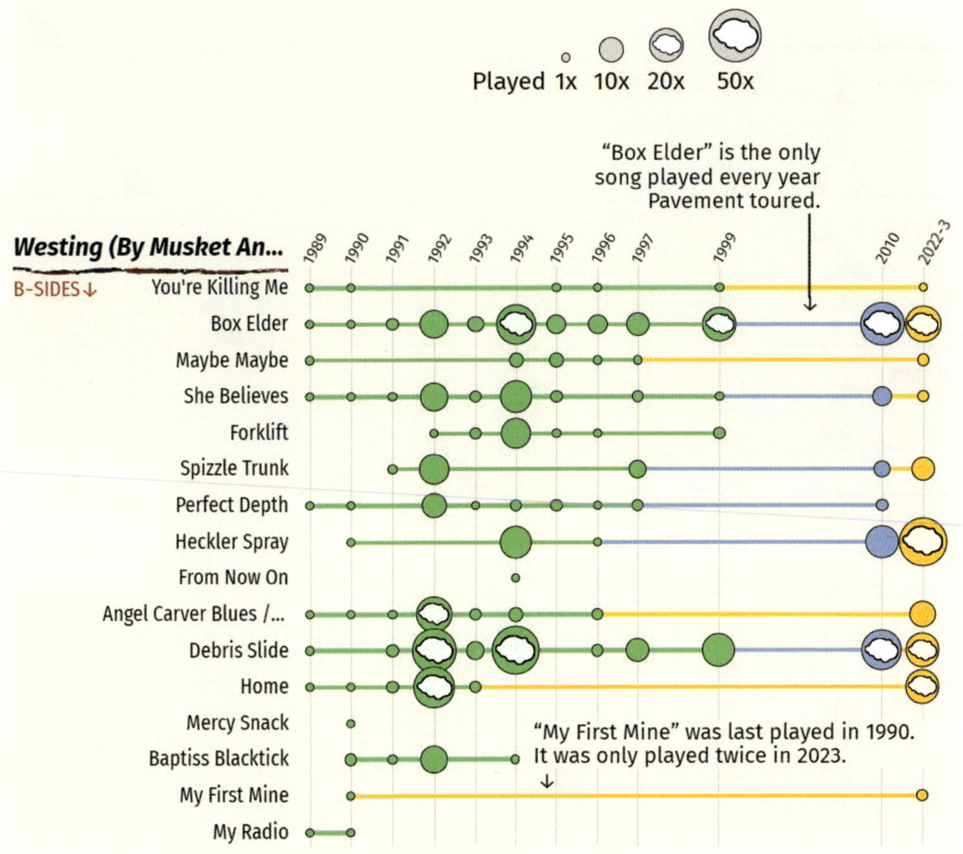


图2-4-23 Pavement 乐队某专辑歌曲历年演唱图（Denise Lu）

当然，图形对象如果同时参与了多个不同的句法结构，那么它就可以同时扮演多个句法角色。例如图2-4-24中的动物剪影图形（如鸟、蛙、鱼、猫、狗等），它们既沿着水平度量轴按序排列，形成了一个清晰的横向视觉流程，同时又在垂直方向上利用分隔符分隔成了不同的信息区块，避免了观者视觉上的混乱。此外每个动物剪影还与其对应横行中的人物图形通过线条连接符建立了连接关系，增强了画面的故事性。

### 2.4.3.2 嵌套

嵌套，指将一个句法结构放置在另一个句法结构的内部。这种结构允许复合图形对象在句法结构的更高层次中充当单个图形对象，那么如果我们将相同的句法结构不断重复地应用在嵌套结构中，就能构建出基于递归概念（此处的递归即指一个句法结构利用自相似的重复过程不断嵌套到另一个相同的句法结构内部）的图形对象，为图形表达提供更加有趣的可能性。

另外，我们经常见到将几个图表相邻展示的图形表达，这是嵌套结构的一个简单示例，即将若干完整度量空间嵌入一个队列结构，从而便于我们以一种有序的方式观察和对比它们之间的相似性或差异性。如图2-4-25便以该结构展现了1925—1999年法国各大死亡原因在时间（横轴）和年龄（纵轴）上的变化趋势，图中每个面板均采用热图的形式，通过丰富生动的色彩变化直观地显示出数据的分布情况。

对于这类有意义空间的嵌套空间结构，我们可以区分以下两种常见的排列类型，即有



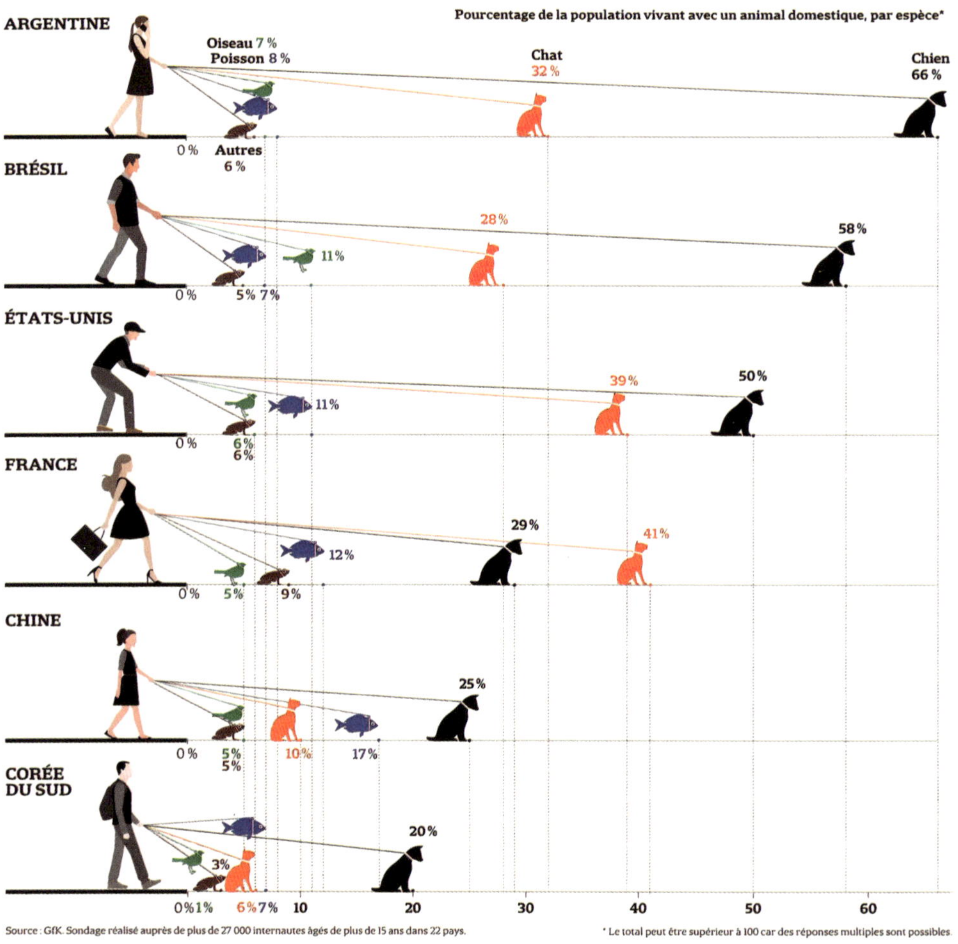

图2-4-24　2017年世界上不同地区最喜欢的宠物统计图（Florencia Abd）

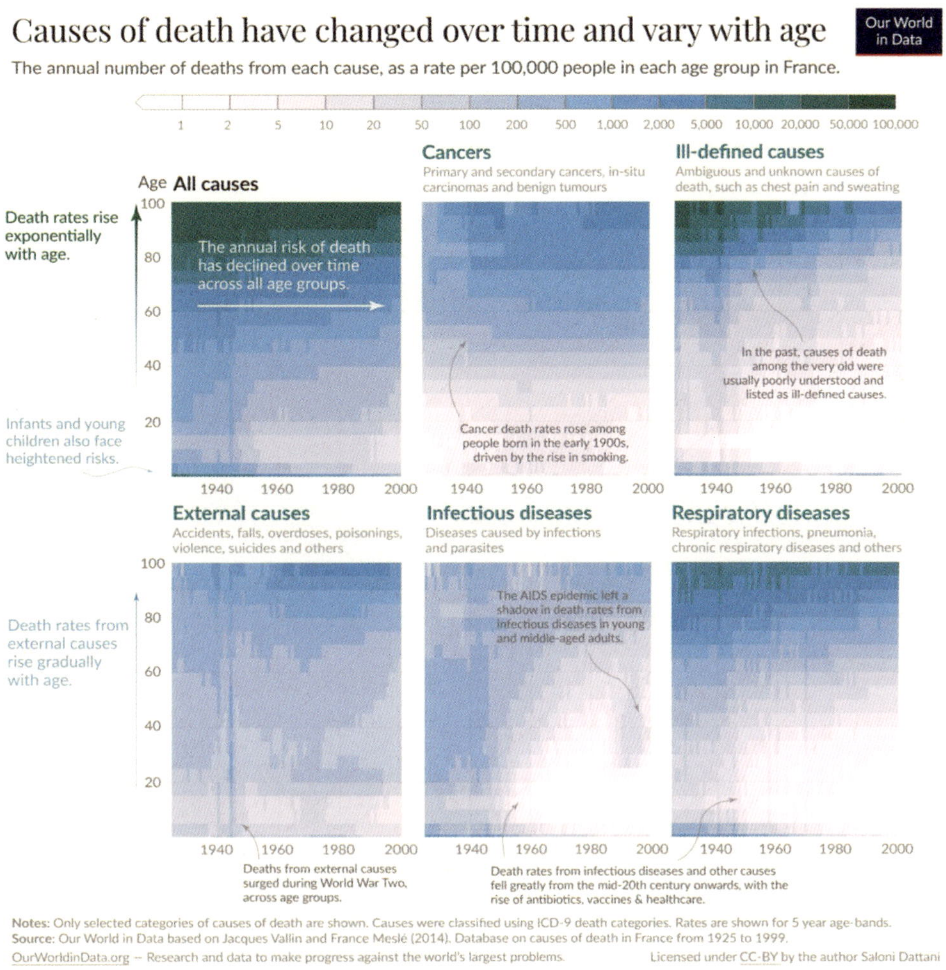
Causes of death have changed over time and vary with age
Our World in Data
The annual number of deaths from each cause, as a rate per 100,000 people in each age group in France.
1 2 5 10 20 50 100 200 500 1,000 2,000 5,000 10,000 20,000 50,000 100,000
Age All causes
Death rates rise exponentially with age.
The annual risk of death has declined over time across all age groups.
Infants and young children also face heightened risks.
Cancers
Primary and secondary cancers, in-situ carcinomas and benign tumours
Cancer death rates rose among people born in the early 1900s, driven by the rise in smoking.
Ill-defined causes
Ambiguous and unknown causes of death, such as chest pain and sweating
In the past, causes of death among the very old were usually poorly understood and listed as ill-defined causes.
External causes
Accidents, falls, overdoses, poisonings, violence, suicides and others
Death rates from external causes rise gradually with age.
Deaths from external causes surged during World War Two, across age groups.
Infectious diseases
Diseases caused by infections and parasites
The AIDS epidemic left a shadow in death rates from infectious diseases in young and middle-aged adults.
Death rates from infectious diseases and other causes fell greatly from the mid-20th century onwards, with the rise of antibiotics, vaccines & healthcare.
Respiratory diseases
Respiratory infections, pneumonia, chronic respiratory diseases and others
100 80 60 40 20
1940 1960 1980 2000
Notes: Only selected categories of causes of death are shown. Causes were classified using ICD-9 death categories. Rates are shown for 5 year age-bands.
Source: Our World in Data based on Jacques Vallin and France Meslé (2014). Database on causes of death in France from 1925 to 1999.
OurWorldinData.org – Research and data to make progress against the world's largest problems.
Licensed under CC-BY by the author Saloni Dattani

图2-4-25　1925—1999年法国各大死亡原因在时间和年龄上的变化趋势（Saloni Dattani）

意义空间可以作为背景嵌入其他图形之中，也可以作为多面板显示中的一部分来展现信息。

A. 背景嵌入式展示

作为一种嵌套语法结构，背景嵌入式展示由一个或多个复合图形对象叠加在背景对象上组成，如图2-4-26，悬崖背景图片上嵌入了一些植物插图，每个植物上又附有文字标签，表达了无人机在寻找稀有植物物种时所发现的种群名称和数量。

B. 多面板展示

多面板展示是指画面中有两个或多个复合图形对象被排列为彼此相邻的独立面板。这种结构有两种特殊情况，分别是图形成倍展示与共享轴多面板展示。

a. 图形成倍展示

图形成倍展示是一种特殊的多面板展示方式，这种展示类型下的各个面板通常以列表或表格的形式嵌套在一起，其设计遵循相同的设计规则和句法结构，但具体内容会根据不同的数据信息进行调整。

最常见的图形成倍展示类型是按时间顺序的多重显示，它通过多个面板来表现时间的变化。如图2-4-27展现了1945—2023年女孩名字中排名前十位的双字母结尾。图2-4-28也是图形成倍展示的一个示例，它通过图形的有序水平排列直观地展示出系领带的一系列步骤。

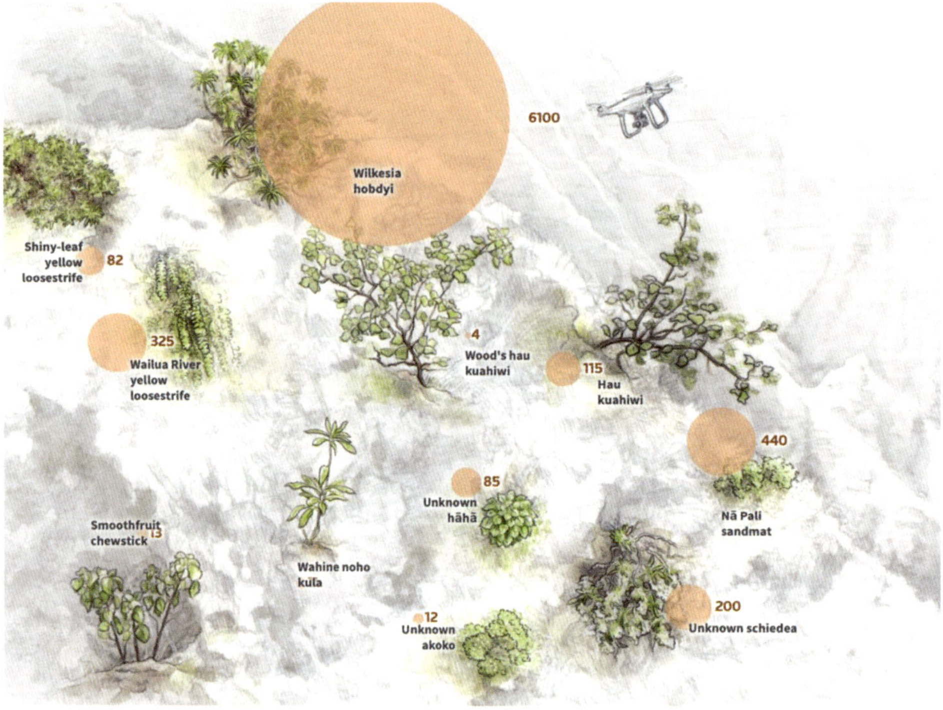


图2-4-26　无人机技术寻找稀有植物成果信息图

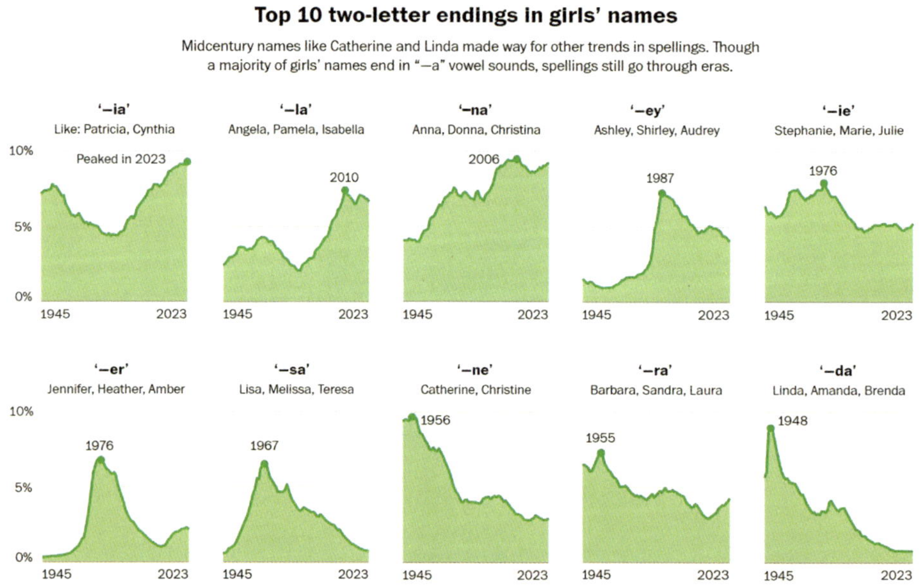


图2-4-27　1945—2023年女孩名字中排名前十位的双字母结尾（Daniel Wolfe、Laura Wattenberg）

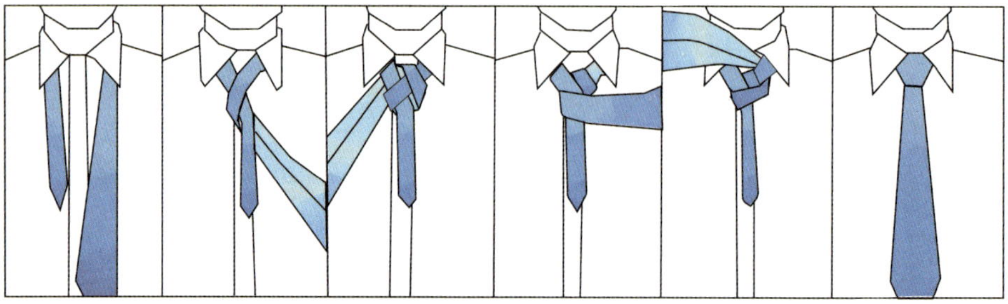

图2-4-28　如何系领带

b. 共享轴多面板展示

共享轴多面板是由共享度量轴的面板组成的多面板展示，这种类型所涉及的面板被排列在一个队列中，并通过共享度量轴来展示多个相关的数据集。

如果是水平共享轴的多面板展示，各个面板会从上到下依次排列，方便读者进行纵向分析；而对于垂直共享轴的多面板展示，各个面板会被排成一个水平队列，方便读者进行横向比较。换言之，面板的排列方式与共享轴的方向成正交关系，共享轴的方向不同，面板的排列方式也会有所不同。

图2-4-29展示了美国阿拉斯加州不同老年护理方案（养老院、家庭护理、生活辅助机构、成人日托）的年度费用，其四个面板共享了水平方向的费用轴，所以全局呈现为垂直方向的排列。

图2-4-29 美国阿拉斯加州不同老年护理方案的年度费用（Bonnie Berkowitz、Lauren Tierney、Chris Alcantara）



回顾一下第二章的全部内容。首先我们阐释了图形表达的组成部分——图形对象和图形空间，接着探讨了图形表达中两种基本的句法结构，即基于对象-对象关系的结构和基于对象-空间关系的结构。了解了句法结构后，又概述了图形对象在这些句法结构中可能扮演的不同句法角色。最后我们学习了如何使用基本句法结构来构建复合句法结构。下一章，我们将探究信息图表的常见表意类型。

CHAPTER 3

# 信息图表的表意类型

## 3.1 信息图表分类

在前文中，我们根据呈现形态的复杂与否对信息图形进行了“图形”和“图表”的区分。依照第二章的概念，我们可以将图表视为若干图形通过组合、嵌套等方式构建起来的复合图形对象。那么作为一种更为复杂的视觉语言，信息图表具体又有哪些类型呢？接下来我们将从信息图表的表意类型出发，详细阐述各个分支下图表的结构特征。

关于信息图表的分类，不同学者提出了多种方法。美国公共关系学家道格·纽瑟姆（Douge Newsom）从表现形式的角度将其划分为图表、图解、图形、表格、地图、列表六种；而从表现内容的角度来看，它又可分为图表解析型、逻辑结构型、关系流程型、时间序列型、空间分布型等不同的类型。在实际的工作学习中，我们最常使用的是日本设计师木村博之（Hiroyuki Kimura）提出的分类方式（图3-1-1），即将信息图表分为了图解、图表、表格、统计图、地图和图形符号（表3-1-1）。

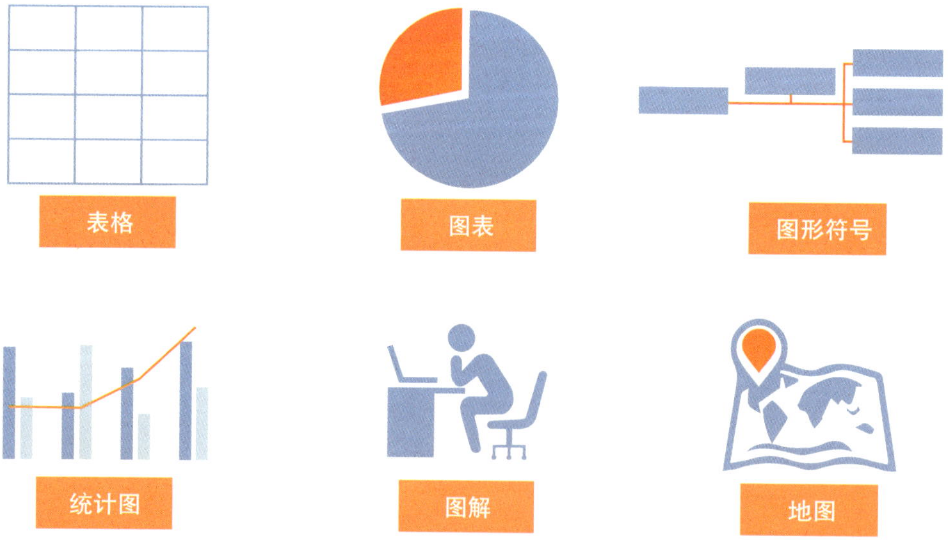


图3-1-1　木村博之对于信息图表的分类

表3-1-1 信息图表的分类标准

| 类型 | 特点 |
|---|---|
| 图解（Diagram） | 主要运用图形、插图对事物进行十分细致的说明 |
| 图表（Chart） | 综合运用图形、线条及插图等方式，阐明事物之间的相互关系 |
| 表格（Table） | 根据特定信息标准进行区分，设置纵轴与横轴 |
| 统计图（Graph） | 通过数值来表现变化趋势或进行比较 |
| 地图（Map） | 描述在特定区域和空间里的位置关系 |
| 图形符号（Pictogram） | 不使用文字，运用图形直接传递信息内容 |

这种分类方式较为具体，在很多场景下都可作为一个有用的参考工具。然而它在实践上依然存在着一些局限性。首先，该方式仅包含了六个细分类别，可能无法覆盖所有的信息图表类型，尤其是一些新兴的图表形式。其次，木村博之将图表、统计图、图形符号等划为不同的类别，忽略了它们之间存在的重叠性，如某些图表可能同时具备图解和统计图的特征，难以将其单纯地归类到某一类别中。再者，如今的图表除了呈现数据以外，还可能包含多个层级、多种维度的信息，该分类无法很好地应对这种情况，因为其主要关注的是信息图表的外观形式，并没有表示出图表内部的层次结构和复杂关系，显得不够细致和灵活。

考虑到上述问题，我们引入了一种新的分类模式①，以更好地满足信息可视化的多样化需求。该模式一共包括六种不同的图表表意类型，其中前四种常用来表示抽象概念，即无法直接观察或量化的概念，如流程、结构、关系等；后两种更多用于表示实际概念，即可以通过数据或图像来展示的具体事物或现象（图3-1-2、图3-1-3）。

- 抽象概念：流程图、结构图、聚集图、发散图
- 实际概念：图解、数据展示

在之前的学习中，我们建议大家用一种系统的眼光去看待图形。无论是什么类型的图形，都可以遵循一种结构化的构建方式，这就是图形语法的核心概念。而图表作为图形的一种组合形态，依然符合前面章节的图形语法概念：如流程图通常具有连接的句法结构，它借助连接线表示步骤或事物之间的关系和顺序；聚集图通常由空间聚类、分隔符分隔或容器包含等方式组成；矩阵结构图通常包含了水平、垂直分隔的同时组合或水平、垂直队列的同时组合。以此类推，在后续章节的学习中，我们可以多多尝试将图形语法应用到每个不同的图表类型中，以巩固之前学过的知识并加深对信息图表的理解。



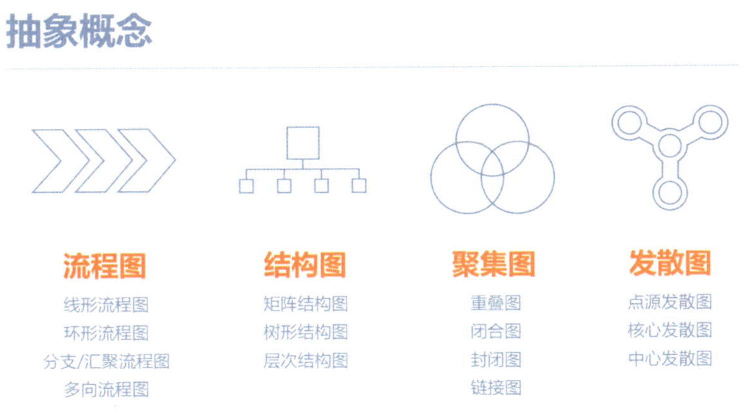


图3-1-2 图表分类的抽象概念

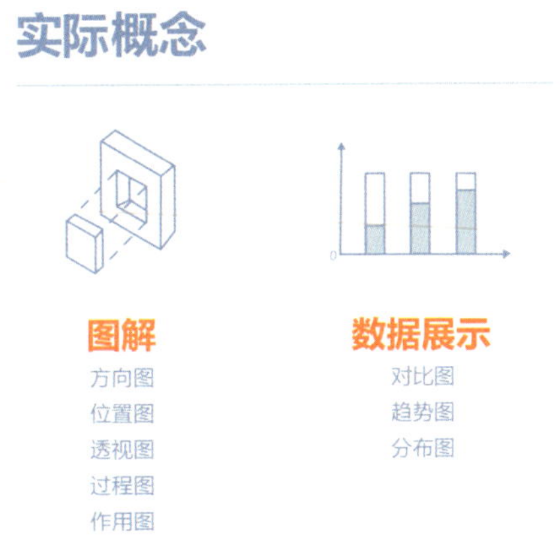


图3-1-3 图表分类的实际概念

① 该分类模式来自美国传播专家南希·杜瓦特（Nancy Duarte）的著作 *slide ology*，后续图形分类图如图 3-1-2 以及图形结构图如图 3-2-1 均参考此书重新绘制。

# 3.2　抽象概念

## 3.2.1　流程图

流程图，顾名思义，就是用来直观描述一个时序过程的图表。它通常采用一些图框来表示各种类型的操作，在框内写出各个步骤之后，使用带箭头的线条把它们连接起来，以表示执行的先后顺序。流程图在技术开发、工业设计和企业管理等诸多领域具有广泛的应用，它能够使复杂的过程变得形象生动且易于理解，进而提高人们的工作效率。根据图形形状和连接方式的不同，流程图可分为以下几种类型：线形流程图、环形流程图、分支/汇聚流程图、多向流程图。

### 3.2.1.1　线形流程图

线形流程图经常用来表示具有明确起点和终点的流程，它一般以时间或空间为主线，按照特定顺序逐一呈现相关信息，每个步骤都在前一个步骤完成后才开始执行，整体呈现为一条线形路径。图3-2-1表示的是线形流程图的一些具体形式，基本涵盖了日常学习工作中所能见到的所有线形流程图，在实际使用中，我们可以在初始结构的基础上进行二次设计，以达到更好的视觉呈现。

图3-2-2是一个线形流程图的优秀示例，作者赋予了线形流程图精致、漂亮的外观，添加了丰富的图形对象层次，生动形象地展现了信息图表的制作流程。

### 3.2.1.2　环形流程图

环形流程图经常用来表示没有明确终点的流程，它最显著的特点在于首尾相接，形成闭环形状。这意味着每当最后一步执行完毕，流程又会重新启动。这种图表很适合用来描述那些需要重复执行的循环工作，例如程序的迭代操作、产品的生命周期、资源的回收利用等。图3-2-3是环形流程图的若干具体形式，基本涵盖了日常学习工作中所能见到的所有环形流程图。

图3-2-4是环形流程图的一个典型示例，该图以棋盘游戏的形式呈现了国际非政府组织SaferWorld在落实可持续发展目标时的十一个重要步骤。

### 3.2.1.3　分支/汇聚流程图

分支/汇聚流程图经常用于展现事物之间汇聚或分离的趋势（图3-2-5）。分支流程图最初用来表示同一条件产生不同结果的情况。比如如果条件A成立，执行步骤1；如果条件A不成立，则执行步骤2。而汇聚流程图则主要描述多个条件最终触发相同结果的情况，也就是说不管是条件A还是条件B，执行的都是步骤1。这两种图表结构在项目管理、决策制定等多个领域具有广泛的应用。

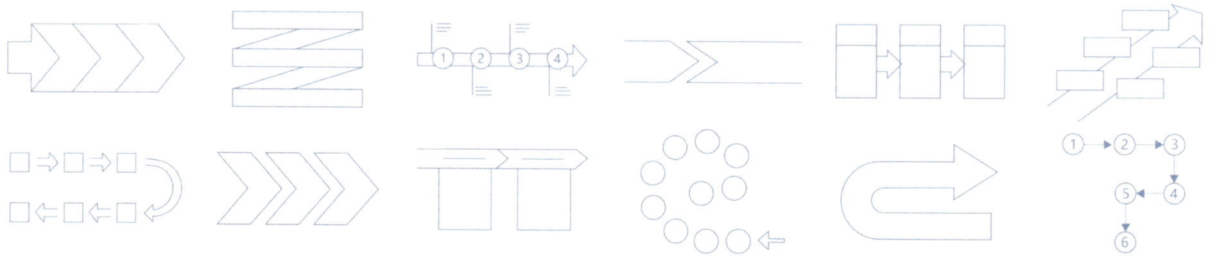


图3-2-1　线形流程图结构

图3-2-2 信息图表的制作流程（张圣焕）

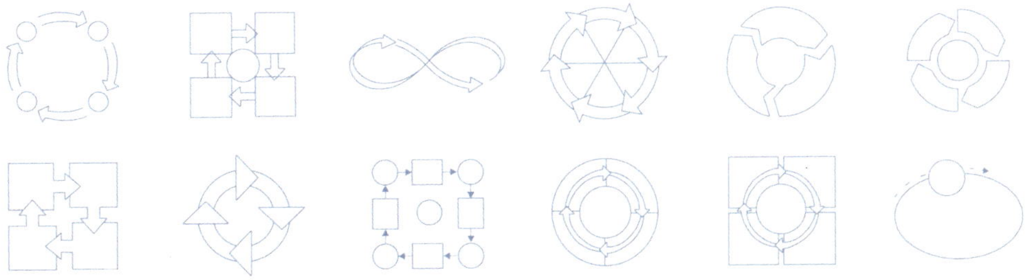

图3-2-3 环形流程图结构

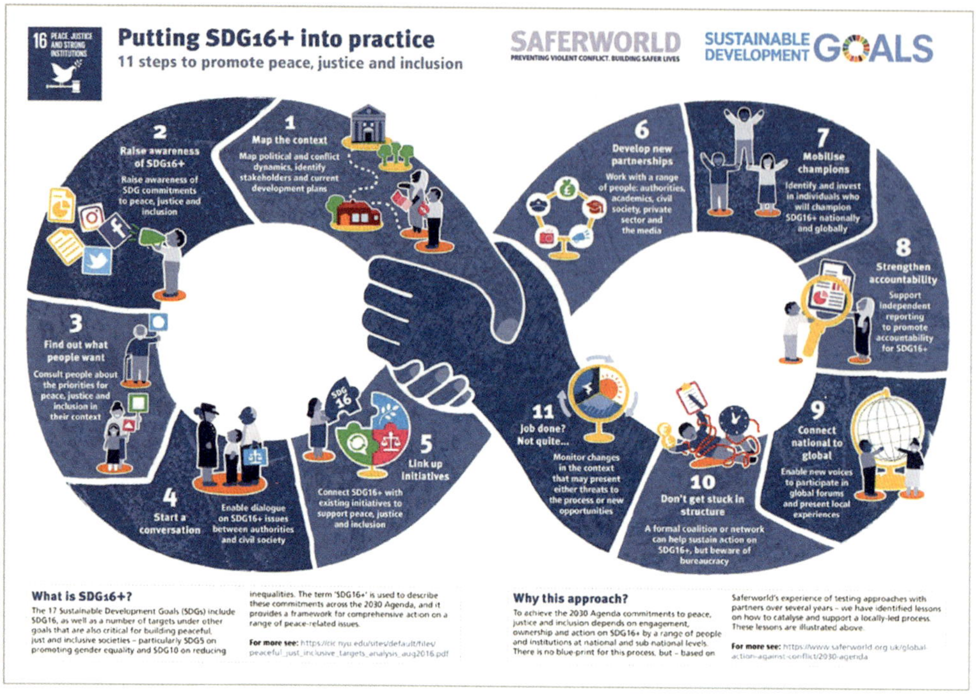
Putting SDG16+ into practice
11 steps to promote peace, justice and inclusion
SAFERWORLD
SUSTAINABLE DEVELOPMENT GOALS
1 Map the context
Map political and conflict dynamics, identify stakeholders and current development plans
2 Raise awareness of SDG16+
Raise awareness of SDG commitments to peace, justice and inclusion
3 Find out what people want
Consult people about the priorities for peace, justice and inclusion in their context
4 Start a conversation
Enable dialogue on SDG16+ issues between authorities and civil society
5 Link up initiatives
Connect SDG16+ with existing initiatives to support peace, justice and inclusion
6 Develop new partnerships
Work with a range of people: authorities, academics, civil society, private sector and the media
7 Mobilise champions
Identify and invest in individuals who will champion SDG16+ nationally and globally
8 Strengthen accountability
Support independent reporting to promote accountability for SDG16+
9 Connect national to global
Enable new voices to participate in global forums and present local experiences
10 Don't get stuck in structure
A formal coalition or network can help sustain action on SDG16+, but beware of bureaucracy
11 Job done? Not quite...
Monitor changes in the context that may present either threats to the process or new opportunities
What is SDG16+?
Why this approach?

图3-2-4　践行可持续发展目标的流程（Garry Robson）

图3-2-5　分支/汇聚流程图结构

对于信息图表设计而言，分支/汇聚图的形式还可以有更为广泛的应用。如果我们将流程图最初的时序内涵改为空间内涵，那么分支流程图又可以有新的使用。如图3-2-6所示，该图展现了贝尔电话公司自1984年垄断地位终结后，所经历的一系列拆分、合并与收购等变革历程。

同样，如果我们为流程图最初的时序内涵添加空间因素，那么汇聚流程图也可以有新的使用。如图3-2-7所示，该图展示了垃圾填埋场中食物垃圾的不同来源，其中家庭和餐馆的厨余垃圾是最主要的两大来源。

### 3.2.1.4　多向流程图

多向流程图通常用来表示物体之间复杂的关系（图3-2-8）。它允许不同节点在多个方向上并行流动，这意味着系统中的不同分支可以同时进行且互不干扰。通过多向流程图，我们可以直观地观察到系统中的多个操作如何协同配合完成一个庞杂的任务。

多向流程图的示例如图3-2-9所示，该图展现了加拿大多伦多采用深层湖水冷却系统为建筑降温的流程：冷水从附近的湖中抽出，然后流经建筑物内的管道内以吸收热量。

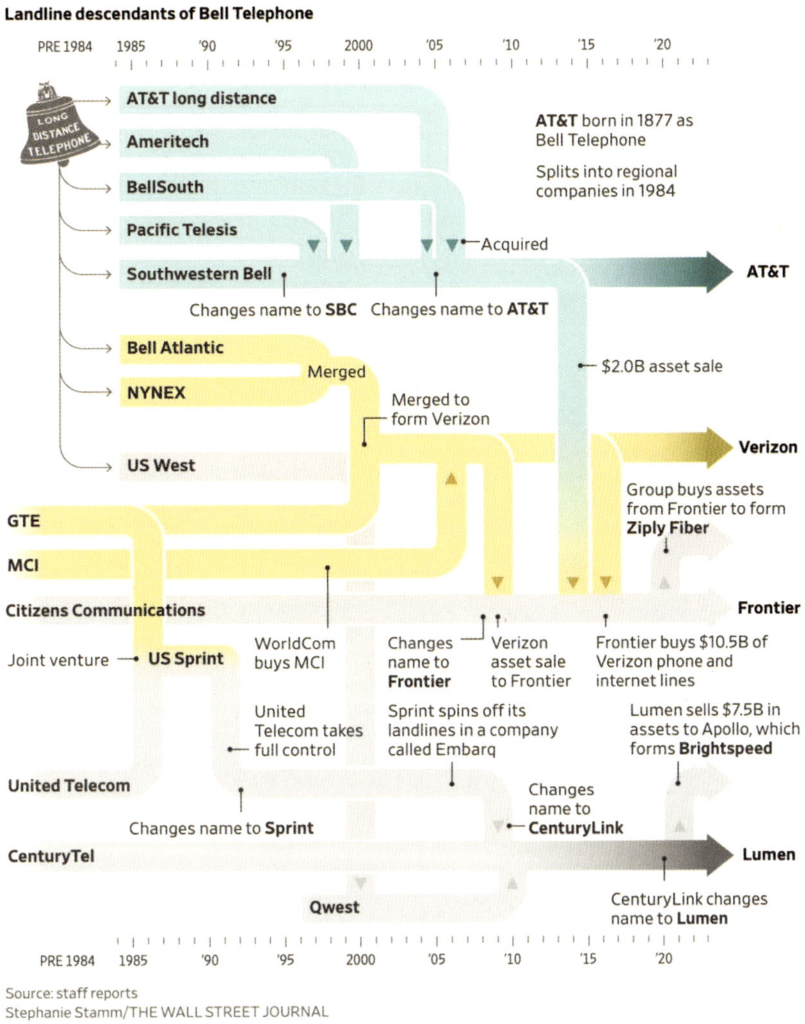


图3-2-6 贝尔电话公司自1984年以来的变革历程图（*The Wall Street Journal*）

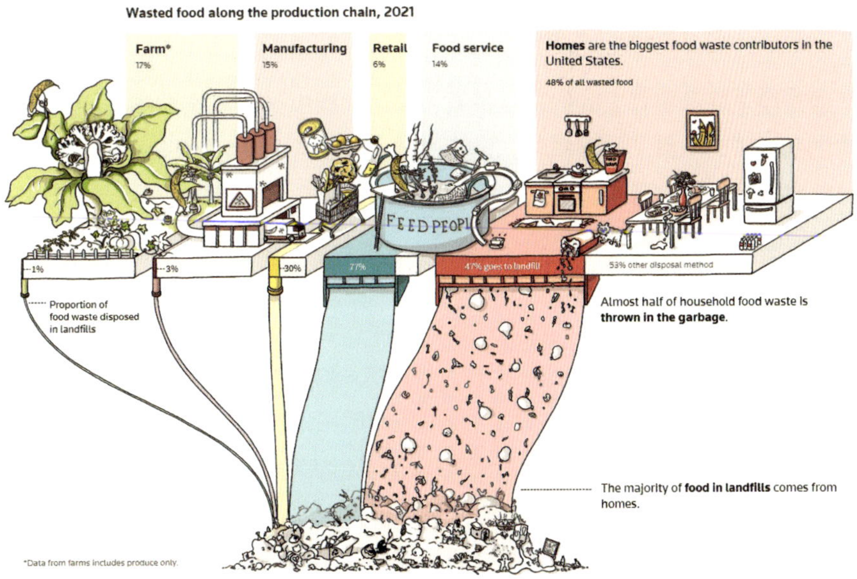


图3-2-7 垃圾填埋场中被浪费食物的来源（Ally J. Levine、Daisy Chung）

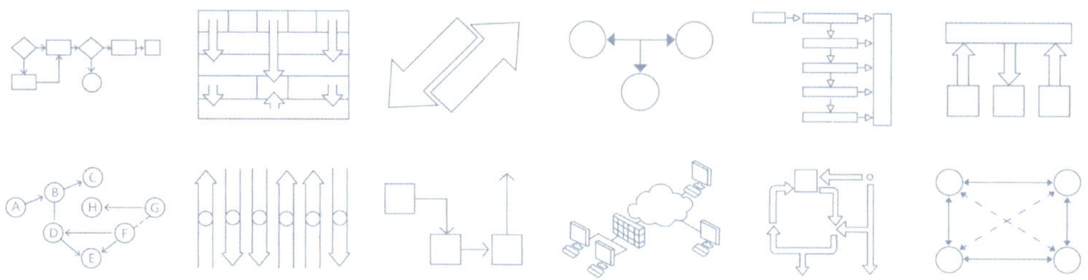

图3-2-8　多向流程图结构

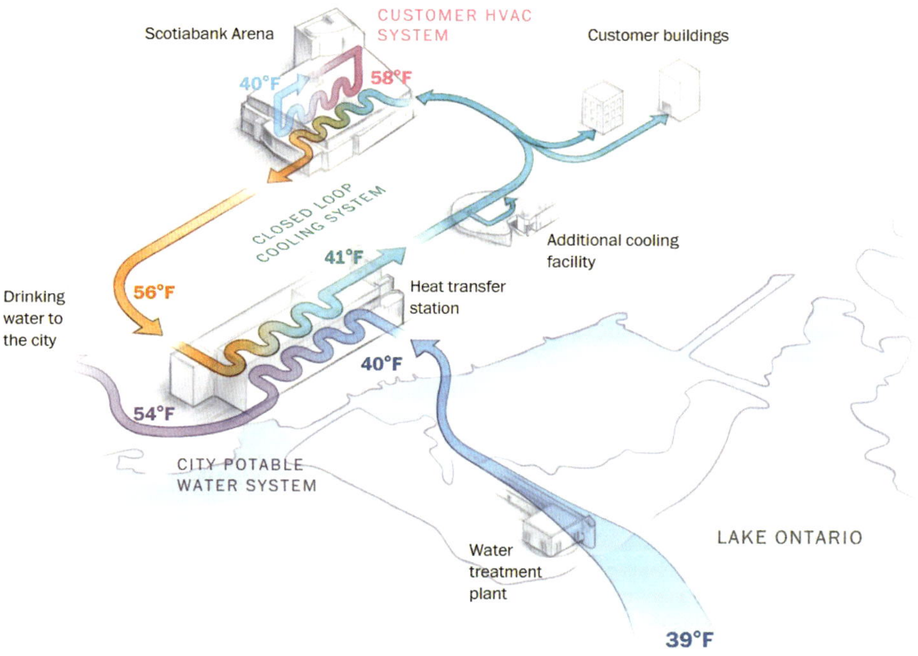


图3-2-9　加拿大多伦多采用深层湖水冷却系统为建筑降温（Daisy Chung）



## 3.2.2　结构图

结构图通常用于展示事物之间的相互关系、内部的组织结构或宏观的层次布局，经常用来帮助我们梳理思维、厘清概念。常见的结构图有人力资源管理中的组织结构图、产品研发中的功能结构图等。根据不同的信息组织方式，结构图主要可分为三类：矩阵结构图、树形结构图、层次结构图。

### 3.2.2.1　矩阵结构图

矩阵结构图是一种按照矩阵形式呈现信息的图表，它适用于对比两组或以上的数据（图3-2-10）。矩阵结构图的典型呈现方式是表格，其提供了一种有组织的方式来展示多维度的复杂信息。在设计的过程中，我们需要明白，好的矩阵结构图应该能准确传达信息，并帮助读者理解信息之间的层级秩序和结构关系，同时引导他们自主寻找所需的信息。

另外，矩阵结构图中通常存在着显性信息和隐形信息。显性信息是指可以直接获取且易于理解的信息内容，如行列标签、数据值、填充颜色等，它们可以帮助我们

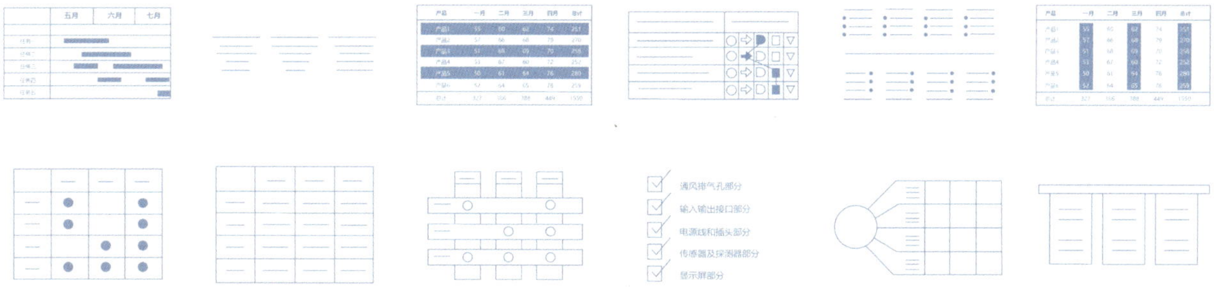

图3-2-10　矩阵结构图结构

建立对图表的初步认知。隐性信息则是图表中不太明显的信息，如变化趋势、异常数据、特定关联等，它们需要通过进一步的分析和推断才能获取。在实际使用中，我们可以在初始结构的基础上进行二次设计，以达到更好的视觉呈现。

图3-2-11为矩阵结构图的优秀示例，该图展示了各种iOS版本与不同Apple设备的兼容情况（包括iPhone、iPad、iPod等）的兼容情况，为用户理清不同设备之间的适配程度提供了清晰的参考，方便他们决定是否升级版本或者更换设备。

### 3.2.2.2　树形结构图

树形结构图是一种以树形布局为基础的图表，主要通过父子结构来组织对象，常用于表达概念之间的层级关系（图3-2-12）。树形结构图由节点和连接线构成，其中根节点代表“树”的起点，图表从该节点出发，展开两个或两个以上的分支，之后每个分支节点再继续展开，形成更多的次级节点。需要说明的是，树形结构图的“树”更多的是表达一种层级和分支的概念，并不意味着树的植物形态，它可以用许多种不同的形式来展现，如直观树形图、纵向树形图、横向树形图、径向树形图、双曲线树形图、矩形树形图、旭日树形图等。

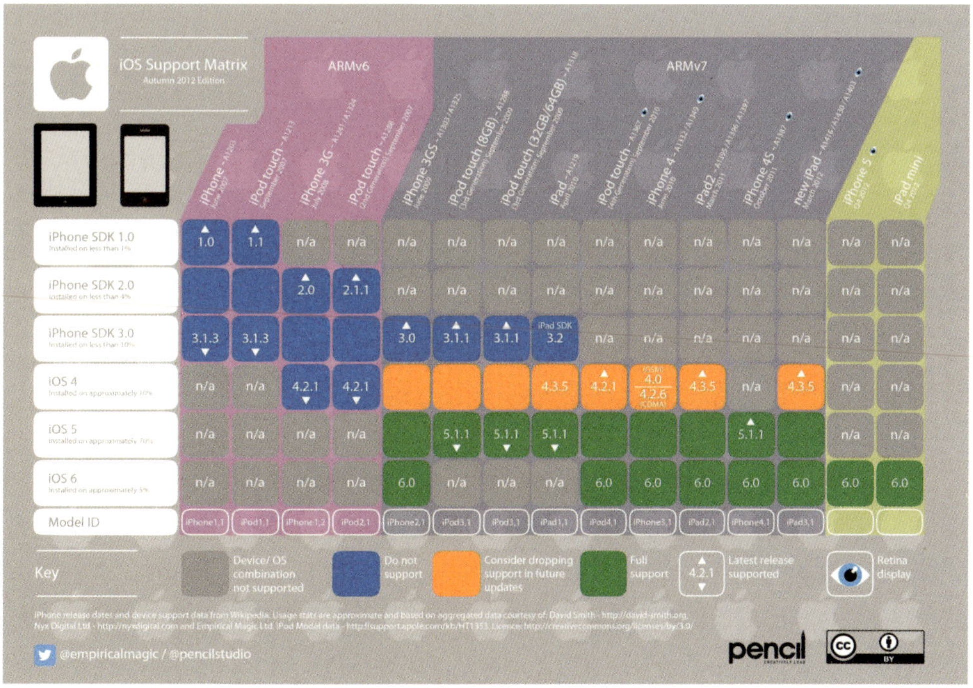


图3-2-11　各种iOS版本与不同Apple设备的兼容情况

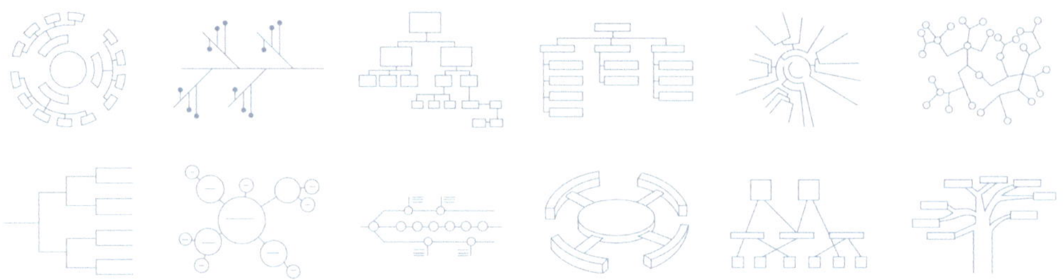

图3-2-12　树形结构图结构

A. 纵向树形图

纵向树形图指以垂直方向展示信息层次的树形图。在此类图中，根节点通常位于图表顶部（或底部），子节点则根据层次关系从上到下（或从下到上）依次排列。每个子节点还可以进一步分出多个次级节点，以承载更为详细、完整的信息。纵向树形图的示例如图3-2-13所示，该图展现了中国传统武术——咏春拳的师承脉络关系。

B. 横向树形图

横向树形图指以水平方向展示信息层次的树形图。在此类图中，根节点通常位于图表左侧（或右侧），子节点则根据层次关系从左到右（或从右到左）依次排列。每个子节点还可以进一步分出多个次级节点，以表达更为详细、完整的信息。

如图3-2-14，该图以横向树形图的形式详细列举了金陵（即今天的南京）六朝年间涌现出的著名文学家、艺术家及其经典作品，展现出该时期卓越的文化成就。

C. 径向树形图

径向树形图是一种以中心节点为起点，放射状地显示层次结构的树形图。在具体的设计中，我们首先需要一个位于圆心的根节点，接着将各要素按照等级进行排列，然后根据指定的半径参数将它们围绕在同心圆（每个圆对应一个级别）中。相对于传统的垂直或水平树状图，这种方式能够在清晰表达层次结构的基础上提升空间利用率，且极具视觉美感。

图3-2-15以径向树形图的形式展现了不同领域诺贝尔奖获得者的国籍分布情况，可以看到，经济学奖、物理学奖和化学奖是最缺乏“国籍多样性”的三类奖项——不到20国。



D. 双曲线树形图

双曲线树形图是一种具有创新性的可视化方式，其主要特点在于它使用双曲线而非直线来绘制树枝结构，这种形式使得整个图形看起来优美紧凑，能够给人带来一种视觉上的愉悦感（图3-2-16）。此外，双曲线树形图的根节点通常位于画面的中心位置，并且根据层次逐级向外延伸，这种布局有助于保持图形的对称性和平衡感，同时易于观众理解信息的组织结构和层级关系。

E. 矩形树形图

矩形树形图是一种将层次化结构的数据以嵌套矩形形式呈现的树形图。该图中的每个矩形区域代表一个节点，而子节点则用更小的矩形平铺在父节点内部来表示从属关系。这种图表的独特之处在于，不管是一级节点还是二级节点，其矩形面积通常与所代表的数据占比成正相关，因此我们凭借区域大小便能够直观地了解到各个节点的相对重要性。此外，为了进一步强调节点之间的关联程度，设计师有时会赋予其不同的颜色，从而帮助观众更容易地理解图表中的信息。

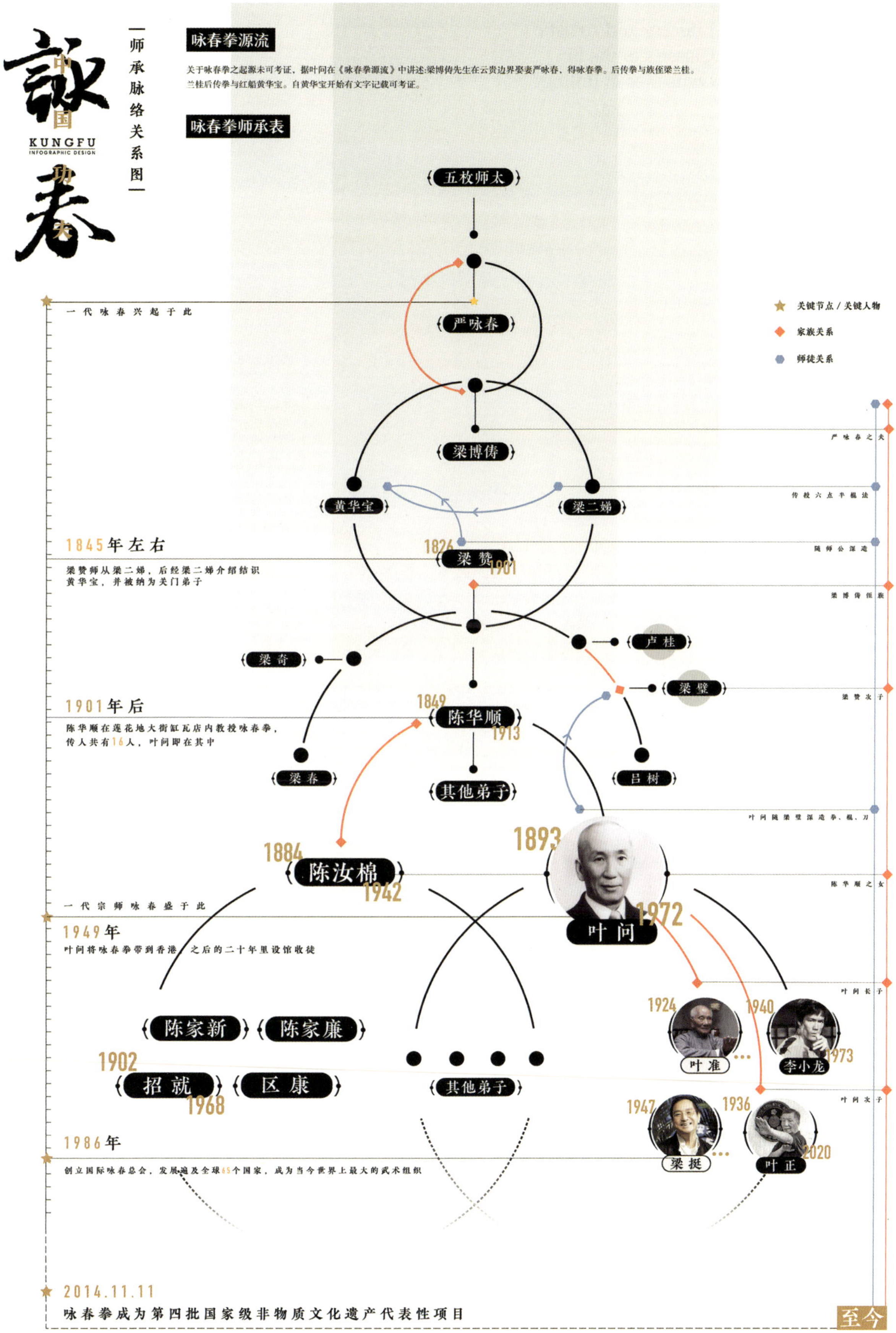


图3-2-13 咏春拳师承脉络关系图（Hao Chen）

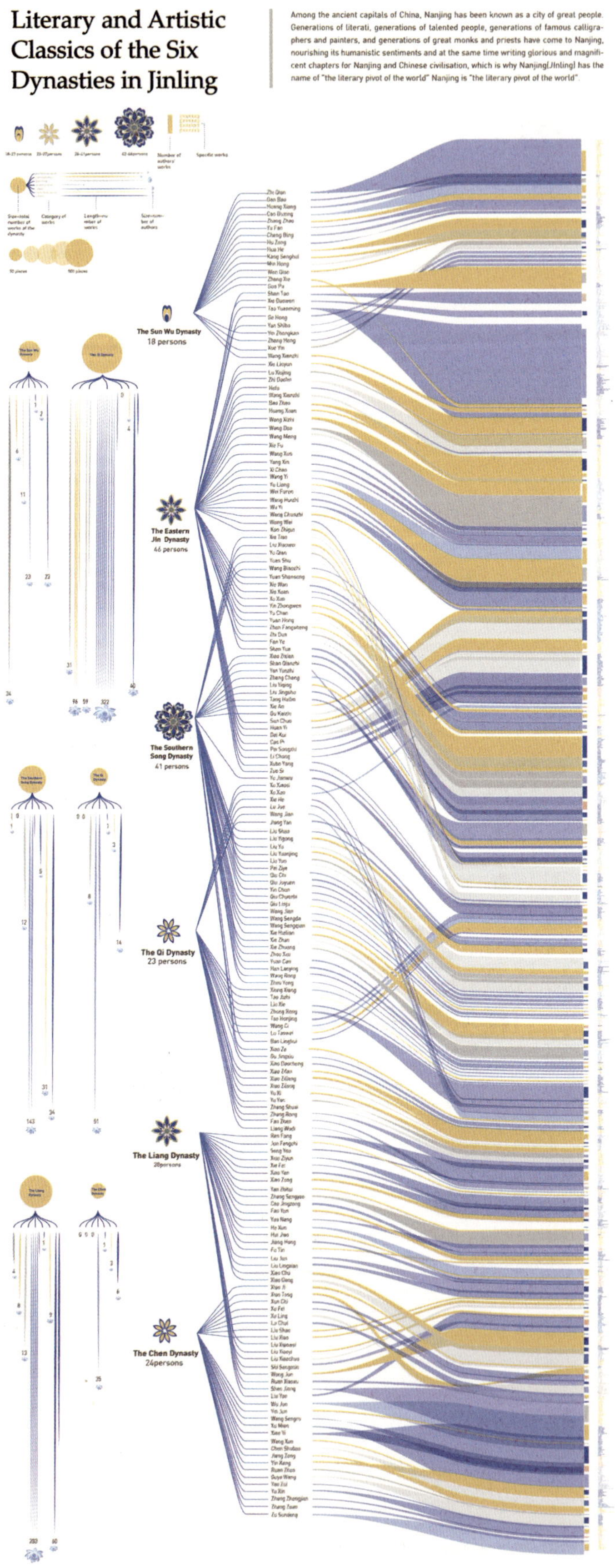
Literary and Artistic Classics of the Six Dynasties in Jinling
Among the ancient capitals of China, Nanjing has been known as a city of great people. Generations of literati, generations of talented people, generations of famous calligraphers and painters, and generations of great monks and priests have come to Nanjing, nourishing its humanistic sentiments and at the same time writing glorious and magnificent chapters for Nanjing and Chinese civilisation, which is why Nanjing(Jinling) has the name of "the literary pivot of the world" Nanjing is "the literary pivot of the world".
The Sun Wu Dynasty
18 persons
The Eastern Jin Dynasty
46 persons
The Southern Song Dynasty
41 persons
The Qi Dynasty
23 persons
The Liang Dynasty
20persons
The Chen Dynasty
24persons

图3-2-14　盛世圆梦 · 梦圆金陵（王雅玲）

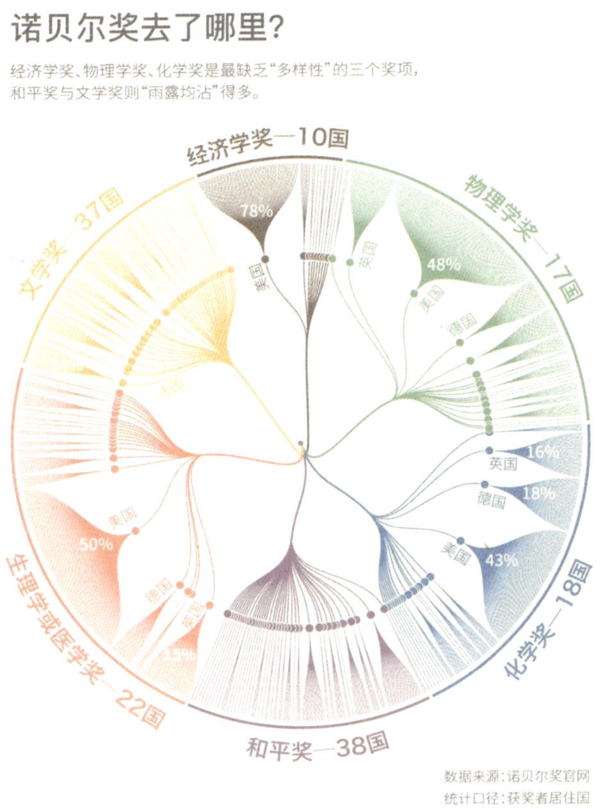


图3-2-15　不同领域诺贝尔奖获得者的国籍分布

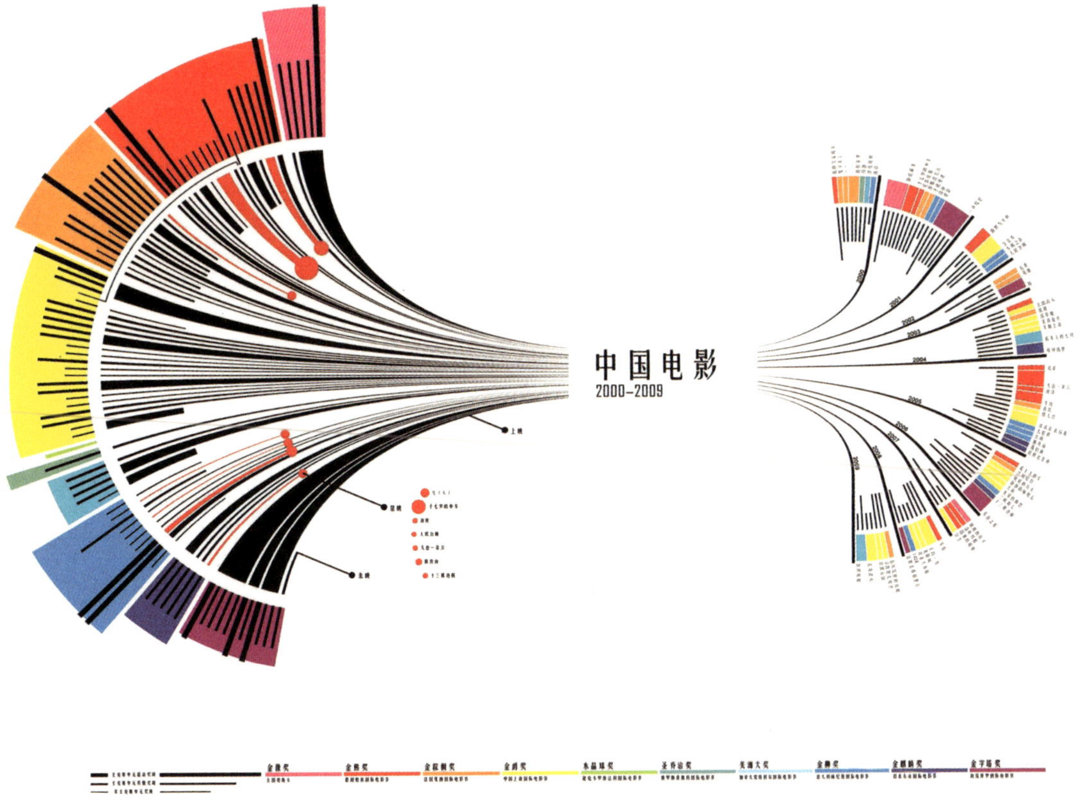


图3-2-16　2000—2009年中国电影所获奖项的情况

矩形树形图的示例如图3-2-17所示，设计者借助颜色区分品牌，通过面积表现比例，一目了然地说明了安卓操作系统的智能手机市场上各大品牌占有率的情况。另外，每个品牌矩形还被分割成了若干小矩形，它们对应着该品牌下各种机型的占比。

F．旭日形树形图

旭日形树形图，也叫太阳图，可被视为饼图的组合升级版本，因为它在饼图表示占比关系的基础上，还增加展示了数据的层级结构这一维度。从具体形式上来看，旭日形树形图通常由多个同心圆环组成，它们代表着不同级别的比例数据，其中最内层的圆代表最高级别的信息，相邻外层圆环代表其子类别的信息。由此层层向外推进，图表便能清晰地反映出不同层级之间的归属关系。另外，每个圆环根据数据的占比会被分成多个扇形区域，且扇形大小通常与数据占比正相关，由此我们可以一目了然地观察到各个节点的相对重要性。

图3-2-18这张咖啡风味轮便是旭日形树形图的一个典型示例，该风味轮由9个大类、36个子类和100多种风味组成，涵盖了咖啡的各类风味特征，如花香、果味、坚果、香料、烘焙、化学、发酵等，是咖啡品鉴的重要参考。

### 3.2.2.3　层次结构图

层次结构图可表达物体之间的依附关系、层级关系或顺序关系，它主要由节点和连接线组成，其中节点一般按照信息的逻辑关系沿从上到下或从左到右的方向排列，在此基础上还可以通过面积比、色彩、字体等设计手段进一步表达出层级之间的递进关系（图3-2-19）。

当我们需要表达的信息之间存在一种或多种关系时，层次结构图也可以帮助我们整理信息脉络和逻辑结构，并明确信息的主次关系、包含与被包含关系、时间关系、空间关系等。

如图3-2-20，作者利用这种类金字塔形式的层次结构图，展示了网络时代下不断分散人们注意力的事物的不同等级。

图3-2-17　安卓操作系统的智能手机市场上各大品牌占有率

图3-2-18 旭日形树形图示例——咖啡风味轮（美国精品咖啡协会）

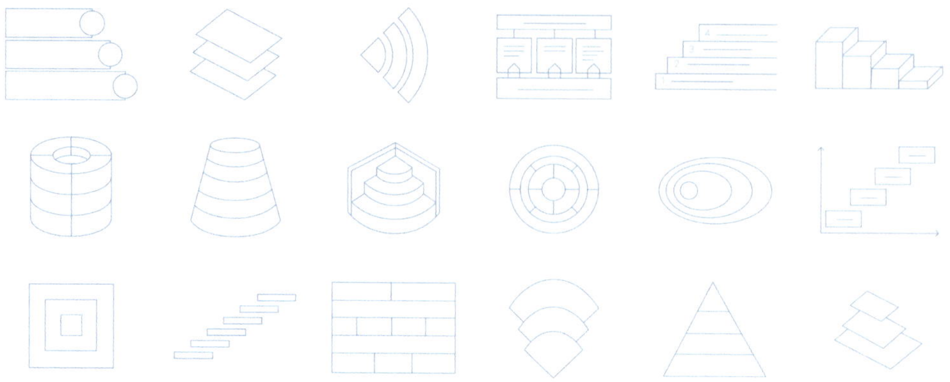

图3-2-19　层次结构图结构

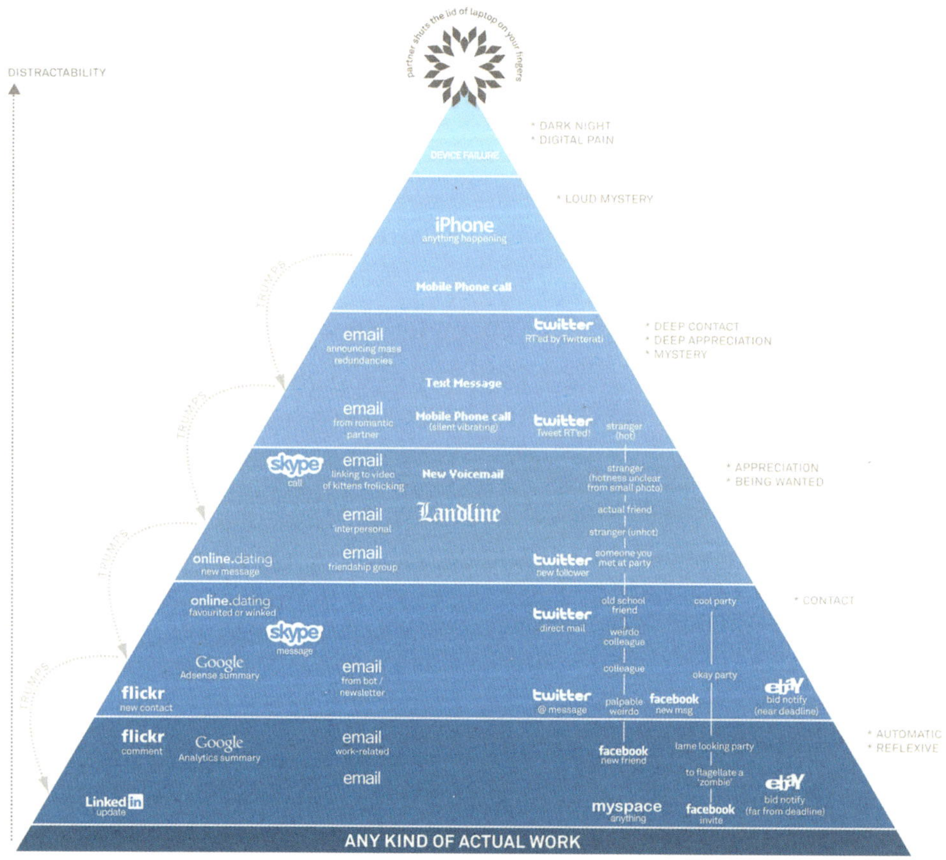


图3-2-20　信息干扰的层次结构图（David McCandless）



## 3.2.3　聚集图

聚集图通常用于表示概念或事物之间的交集、包含或关联等图形关系，它的核心特征在于多个元素产生一定的汇聚或重叠，如我们常用的韦恩图就是聚集型图表的一个典型案例。聚集图的设计非常多样，根据不同的表现形式，我们可以将其分为重叠图、闭合图、封闭图和链接图四种。

### 3.2.3.1　重叠图

重叠图主要用于表示多个概念之间的重叠关系，它可以清晰地反映出不同内容组之间的相似性或差异点（图3-2-21）。在重叠图中，通常每个概念都用一个独立的图形区域来表示，这些区域可以是圆形、矩形等各种形状。当这些图形相互重叠时，它们的交集部分便形象地呈现出各个概念之间的共享特征。此外，重叠图还可以通过颜色、透明度、边界线等方式来增强不同内容组之间的可区分度。

重叠图的示例如图3-2-22，该图通过不同形式的韦恩图展现了万圣节“不给糖就捣蛋”（Trick or Treat）这一习俗在不同情境下的逻辑组合方式。

#### 3.2.3.2 闭合图

在闭合图中，多个图形元素会以某种方式重新组合，形成一个更大的整体图形（图3-2-23）。这种图表设计方法基于格式塔理论，认为整体大于局部之和，也就是说，当多个小元素结合在一起形成一个整体时，它们相互协调、互相加强，能够创造出更丰富、更深远的价值。

闭合图的示例如图3-2-24，该设计剖析了以MeToo反性骚扰运动为标签的约20万条推文，从中提取出关于性别失衡的若干词语，并按照主题（个人姓名、发生地点、积极设想等）对这些词语进行聚类和着色。整体的形态就像蒲公英一样，由中心的茎往外发散，不仅营造了一种新颖的艺术形态，也通过圆圈的大小和距离巧妙地隐喻推文的热度和传播范围。

在日常的学习工作中，我们经常使用的一种闭合图形式是窗式图，即通过窗格来展示信息的图表。该类图表通常采用简单的四格模式，如著名的战略分析工具——SWOT分析图（图3-2-25），它一般用于评估公司、项目或个人的优势、劣势、机会和威胁。

图3-2-21 重叠图结构

图3-2-22 万圣节“不给糖就捣蛋”习俗在不同情境下的逻辑组合方式（Kaz Miyamol）

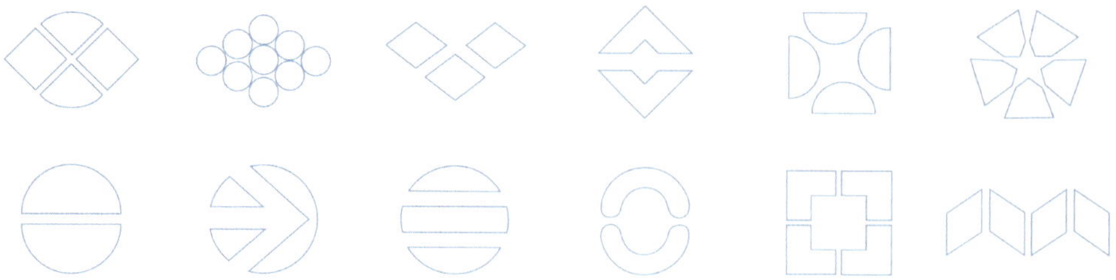

图3-2-23 闭合图结构

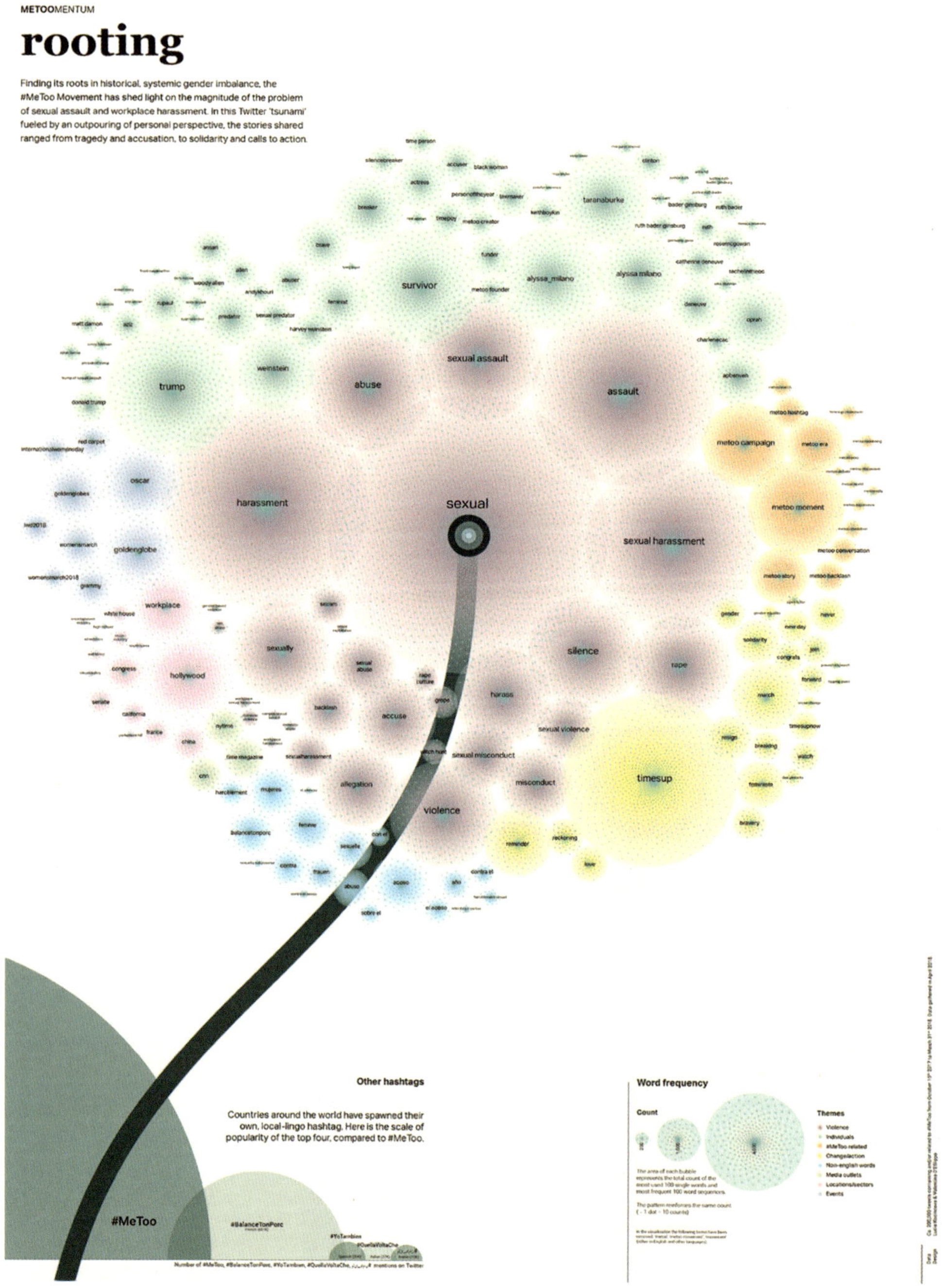


图3-2-24 MeToo反性骚扰运动的视觉分析（MeToomentum）

Strengths
S
W
Weaknesses
Opportunities
O
T
Threats

图3-2-25 SWOT分析图结构

窗式图也可以包含更多的窗格来提供更复杂更全面的信息内容。如果窗式图超过四个窗格，我们通常称之为故事板。这些图板一般采用连续渐进的故事情节深入思考问题，并通过情景绘画生动地叙述问题从产生到最终解决的整个过程。这样能够帮助观众更好地理解并参与所描绘的情况。例如图3-2-26便通过窗格的形式对在紧急情况下应采取的措施进行了形象化呈现。

STAND UP STRAIGHT, SPEAK FIRMLY, AND SLOWLY BACK AWAY
RUN TOWARD A BUILDING OR HARD-TOPPED VEHICLE
CALMLY EXIT THE BUILDING
APPLY FIRM PRESSURE
MOUNTAIN LION
HEY STOP.
SHOO.
HELLO.
LIGHTNING
BOOM
NO!
BOOM
BOOM
BOOM
FIRE ALARM
HEY.
BEEP BEEP BEEP
BEEP BEEP BEEP
BEEP BEEP BEEP
BEEP BEEP BE-
BLEEDING
HEY! STOP IT!
BYE!

图3-2-26 In case of emergency故事板漫画（Randall Munroe）

### 3.2.3.3 封闭图

封闭图是一种经常用于表示元素之间包含关系的图形结构（图3-2-27）。在封闭图中，至少有一个元素被包括在另一个元素之中，通常是优先级较高的部分完全包含优先级较低的部分，这意味着更高级别的信息在视觉上更加突出，并且具有更大的影响范围。

封闭图的示例如图3-2-28，该图展示了2009年美国各州在燃料方面的供求关系，通过该图我们可以清晰地观察到，只有少数几个州的石油生产量超过其本身的需求量。

### 3.2.3.4 链接图

链接图主要用于表示多个概念之间的关联关系（图3-2-29）。在链接图中，相关的元素会经由某种链接方式统一在一起，这些链接可以是线性的，也可以采用其他各种形状，这主要取决于所需的表达效果或设计要求。

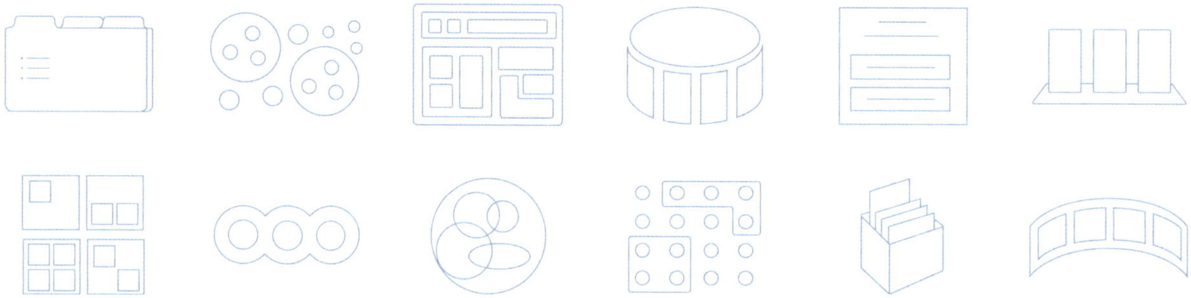

图3-2-27　封闭图结构

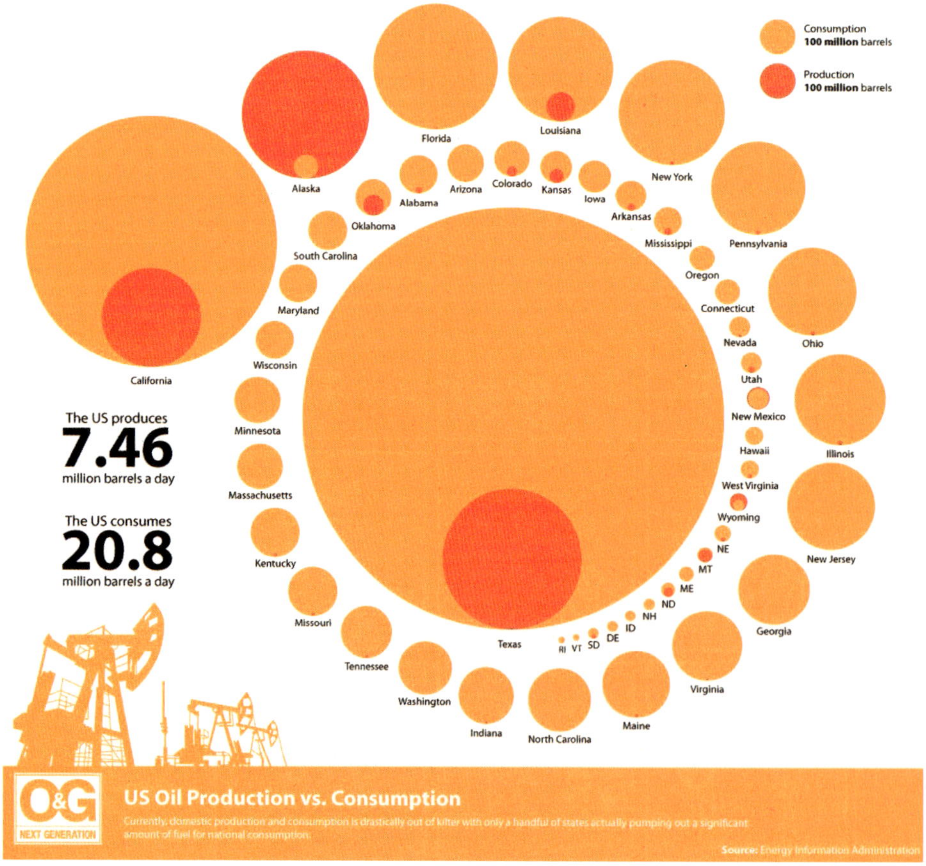


图3-2-28　美国各州在燃料方面的供求关系（Lea Rekow）

链接图的一类特殊情况是关系图，它主要通过节点和连接边的组合来表达不同事物之间的关系。在关系图中，每个节点代表一个独立的事物，连接边则表示事物之间的关系。这些关系可以是单向的，即一个节点指向另一个节点；也可以是双向的，即两个节点之间相互连接；还可以是多向的，即多个节点之间存在着复杂互动。

通过观察关系图，我们可以更好地分析事物关联或洞察局势，从而及时发现异常情况或准确推断出潜在的新关系。

关系图的示例如图3-2-30，它展现了2019年美国NCAA（全国大学体育协会）男子D1（第一级别）高尔夫锦标赛从第一轮激烈角逐，一直到最终决赛的所有比赛结果。该图不仅清晰地标注了每一轮比赛的晋级者，还通过连接线条使得各轮次之间的逻辑关系一目了然。

图3-2-29 链接图结构

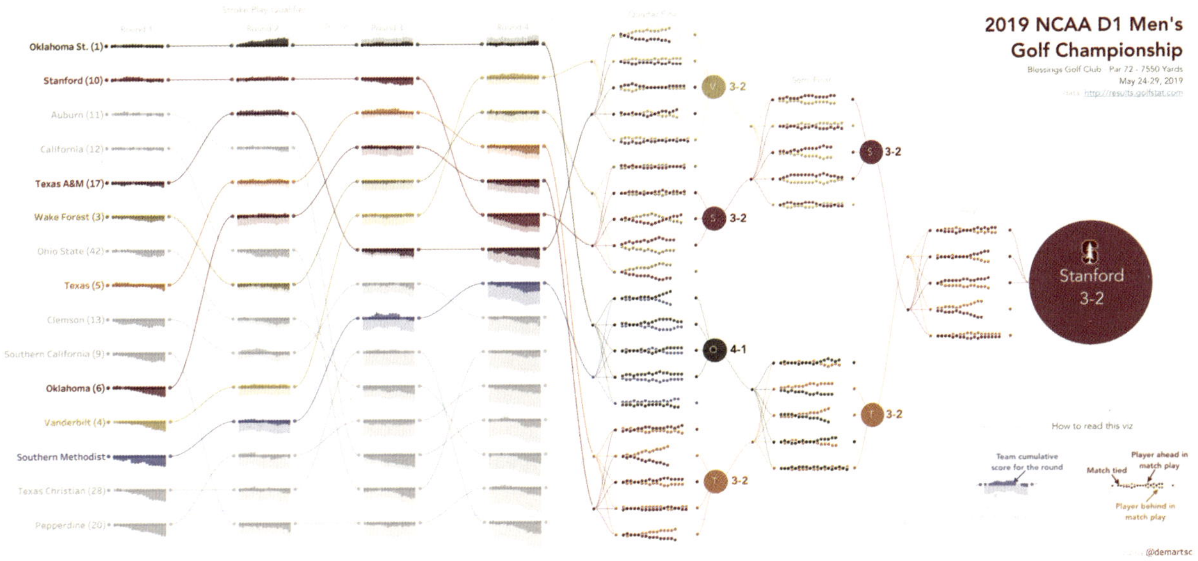


图3-2-30 2019年NCAA男子D1高尔夫锦标赛比赛结果（Chris DeMartini）

## 3.2.4 发散图

发散型图表可以帮助我们清晰地展示事物之间的隶属关系或层级关系，该类型的图表通常以一个主题为起点，然后从中心向两侧或多个方向延伸出不同级别的支流。利用发散型图表，我们可以更好地展示自己的思维过程和想法来源。发散型图表的应用范围非常广泛，主要可分为点源发散图、核心发散图、中心发散图三种类型。

### 3.2.4.1　点源发散图

点源发散图用于展示从一个特定的点源或图形向外“爆发”出来的单向发散关系（图3-2-31）。这种图表通常以一个中心点为起点，然后通过放射状的线条或箭头或曲线来连接到周围的多个节点，由此我们便能直观地了解某一因素如何对其他部分产生影响，以及如何在不同方向上进行扩散。点源发散图的示例如图3-2-32。

### 3.2.4.2　核心发散图

核心发散图主要用于表达一种主从关系，它的核心元素通常位于图表的中心位置，外围元素则通过连接结构与核心元素相关联，由此形成一个向外扩散的结构，观者亦可以直观地了解到各个元素之间的层级性（图3-2-33）。这种图形结构类似于一个家庭的架构，其中核心元素可以视为家庭的主要成员，而外围元素则代表了亲朋好友等与主要成员有密切联系的个体。

我们在日常生活中经常用到的思维导图（又称心智图）便是核心发散图的一个典型案例。此类图表通常聚焦于某个中心话题，并采用树状、放射状或网状的形式逐步向外发散思路，从而帮助人们以非线性的方式思考并记录想法。在心智图中，中心主题位于图表中心，相关主题通过不同的分支与之连接，这些分支也可以进一步延伸连接到更为具体的子主题。每个主题一般使用词语或短句进行描述，不过也可以添加关键字、图像或颜色等来增强记忆效果。如图3-2-34便以美国音乐人赫比·汉考克（Herbie Hancock）为中心主题，通过思维导图的形式罗列了这位爵士乐音乐人的众多音乐作品。

相对于一般的信息整理方式，心智图可以将大脑的思维可视化，让处理图像的脑区参与到工作中来，以有效提高思考力和记忆力。同时它通过关键字和层次的应用将

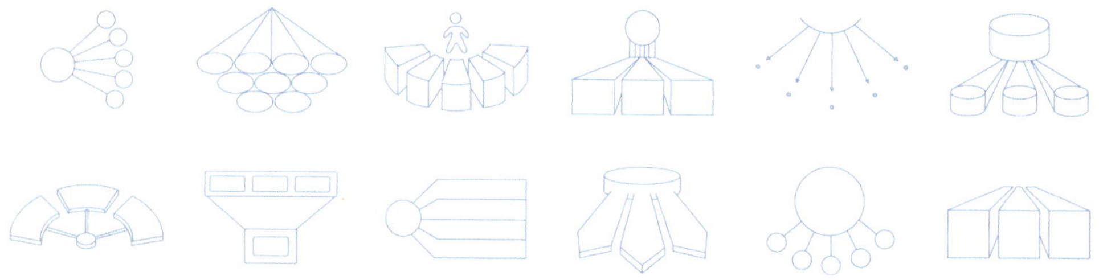

图3-2-31　点源发散图结构



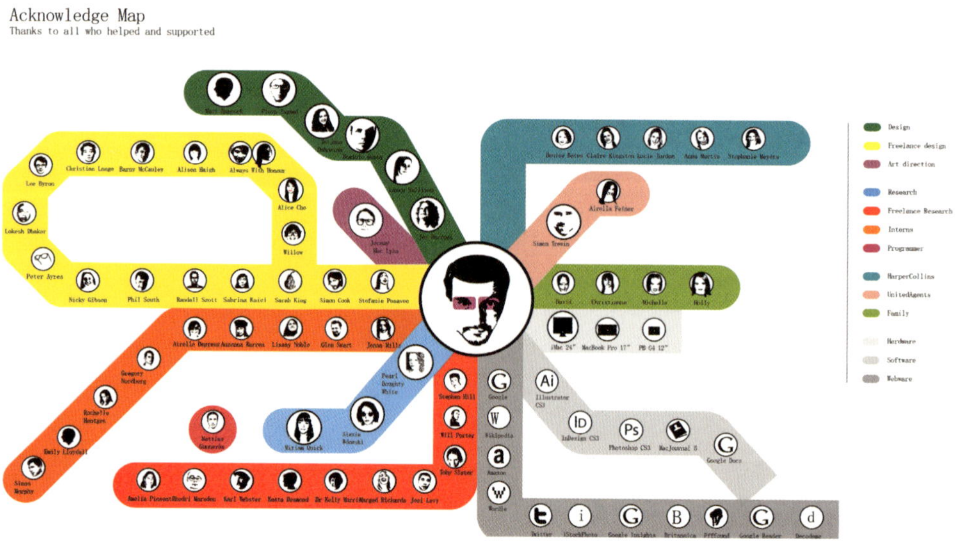


图3-2-32　点源发散图示例（David McCandless）

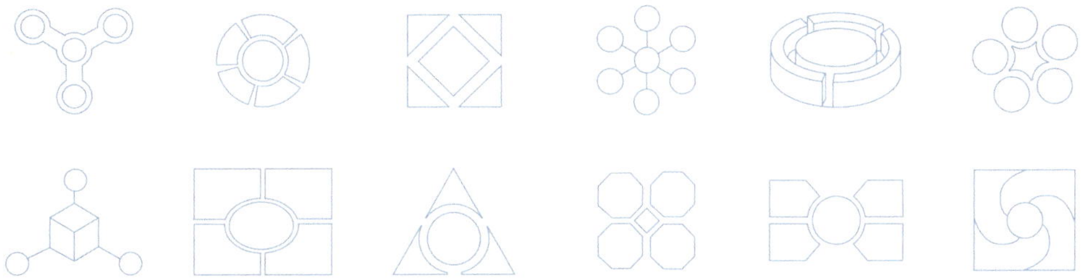

图3-2-33 核心发散图结构

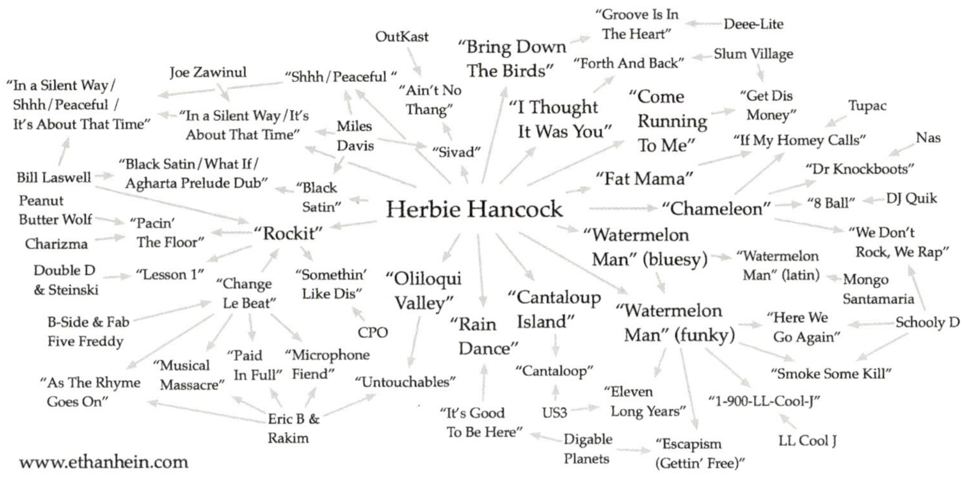


图3-2-34 赫比·汉考克的音乐作品（Ethan Hein）

大量的信息浓缩为一张图，使得整体内容的逻辑结构一目了然，便于观者阅读学习。

在使用心智图时，我们不要感到拘束，而要明白该图不仅应该反映深思熟虑的想法，也应该反映自然而然形成的感觉，这样才能体现出绘图者所独有的思考方式。此外，由于每个人的大脑反映现实的方法是不同的，因此我们需要明白，要想实现心智图的真正威力，就必须将它与别人画的图相互比较，实现更广泛的认知。

### 3.2.4.3 中心发散图

在中心发散图中，单一元素之间保持若即若离的关系，并围绕一个中心区域向外辐射（图3-2-35）。



我们常见的鱼骨图便是中心发散图的一个具体应用，它又叫石川图，由日本管理大师石川馨（Kaoru Ishikwa）先生发明。该类图表是一种由浅入深的定性数据分析工具，可以帮助我们在整体上梳理导致问题出现的根本原因。

在鱼骨图中，最右侧的鱼头位置代表的是待分析的问题或现象，粗线标记的鱼大骨代表问题产生原因的大方向，从大骨上长出的鱼小骨则表示该大方向下的具体原因罗列，鱼小骨再往下细分则是表明每个具体原因产生的因素。此类图表在描述上的逻辑是每一根鱼骨都是它所在主鱼骨的原因，而对它的子鱼骨来说，它又是一种问题或现象。通过使用鱼骨图，我们可以系统地分析问题的潜在原因，以便更好地了解问题的全貌，并提出相应的改进措施。鱼骨图的示例如图3-2-36。

现在对于四种表达抽象概念的图表结构（流程图、结构图、聚集图、发散图）已经介绍完毕，我们可以看到抽象概念图表多借助图形的组合来表达相互之间的关系。接下来，我们将学习一些表达实际概念的图表结构。

图3-2-35　中心发散图结构

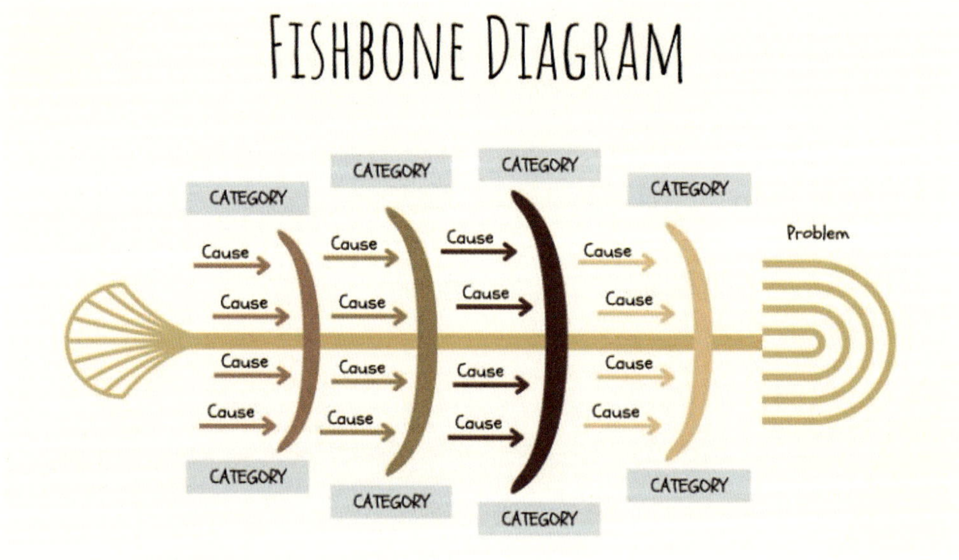


图3-2-36　鱼骨图示例

## 3.3　实际概念



### 3.3.1　图解

“图解”一词是指使用图形的表达形式来传达信息，以帮助人们理解记忆复杂的概念、数据或过程。图解类的信息图表设计通常采用图形为主、文字为辅的方式来对信息内容进行细致的说明和解释，它是一种强大的沟通工具，在新闻媒体、科学教育、医疗健康、商业营销等诸多领域都起到了重要的作用。图解型图表主要分为方向图、位置图、透视图、过程图、作用图。

#### 3.3.1.1　方向图

方向图主要用于说明“上哪去”或“怎么走”等路径规划方面的问题（图3-3-1）。它通常包含起点、终点以及连接它们的路径，从而帮助人们理解如何从一个地点到达另一个地点。有时候，方向图也可能会标注方位信息，如东、西、南、北等，以进一步辅助定位。这种类型的图解在城市地图、导航应用和路线规划中经常被使用，对于指引人们的行动具有非常重要的意义。

### 3.3.1.2 位置图

位置图是一种用来描述地理位置、地形系统或形状信息的图表，它通过直观地展示具体信息，可以引起人们对某个地点的注意（图3-3-2）。这种图表一般以地理数据为基础，借助图形符号、比例缩放或者文字标注的方式来表现地标、道路、山脉、河流、森林、建筑等各种元素，从而帮助人们更好地了解特定地点的地理特征。

位置图的示例如图3-3-3，该图采用南北横断截面的三维形式，直观呈现了瑞士复杂多样的地貌特征。针对瑞士三个主要地形区域（阿尔卑斯山区、中部平原地区以及汝拉山区），图中借助文字注释进一步提供了附加信息。

### 3.3.1.3 透视图

透视图是一种通过切分、剥离等方式来展现系统内部工作状态和隐藏信息的图形方法，它特别适用于展现那些具有完整且复杂组织结构的系统（图3-3-4）。透视图通常采用包含式，即按照层次结构和相互关联来展开各要素的呈现。这种方式能够提供一种整体性视角，便于人们理解系统内部的运行机制，并明确各组成部分之间的相互关系。透视图的示例如图3-3-5。

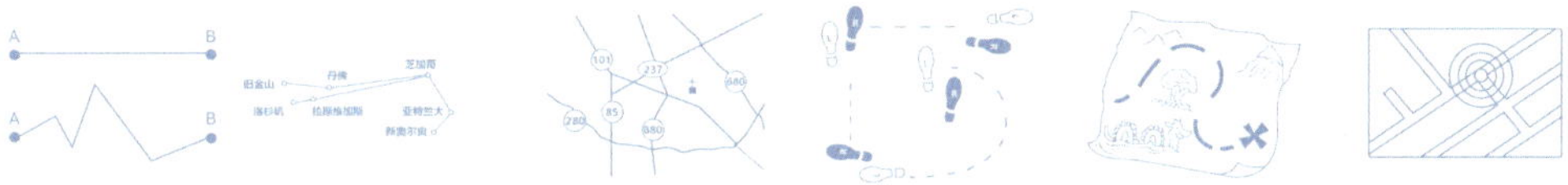

图3-3-1 方向图结构

图3-3-2 位置图结构

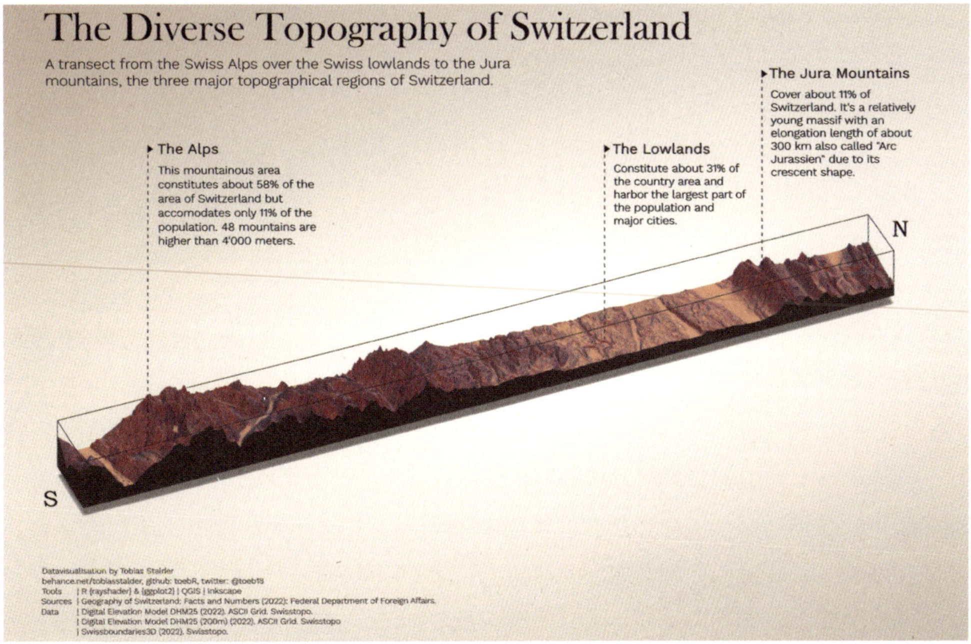
The Diverse Topography of Switzerland
A transect from the Swiss Alps over the Swiss lowlands to the Jura mountains, the three major topographical regions of Switzerland.
The Jura Mountains
Cover about 11% of Switzerland. It's a relatively young massif with an elongation length of about 300 km also called "Arc Jurassien" due to its crescent shape.
The Alps
This mountainous area constitutes about 58% of the area of Switzerland but accomodates only 11% of the population. 48 mountains are higher than 4'000 meters.
The Lowlands
Constitute about 31% of the country area and harbor the largest part of the population and major cities.
N
S
Datavisualisation by Tobias Stalder
behance.net/tobiasstalder, github: toebR, twitter: @toeb18
Tools | R {rayshader} & {ggplot2} | QGIS | Inkscape
Sources | Geography of Switzerland: Facts and Numbers (2022): Federal Department of Foreign Affairs.
Data | Digital Elevation Model DHM25 (2022). ASCII Grid. Swisstopo.
| Digital Elevation Model DHM25 (200m) (2022). ASCII Grid. Swisstopo
| Swissboundaries3D (2022). Swisstopo.

图3-3-3 瑞士地形地貌信息图（Tobias Stalder）

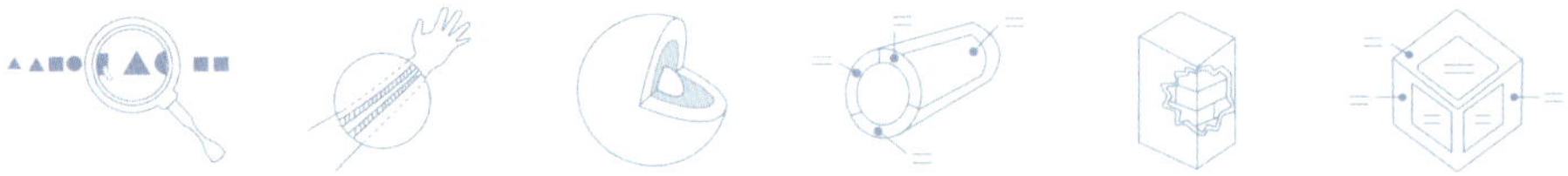

图3-3-4　透视图结构

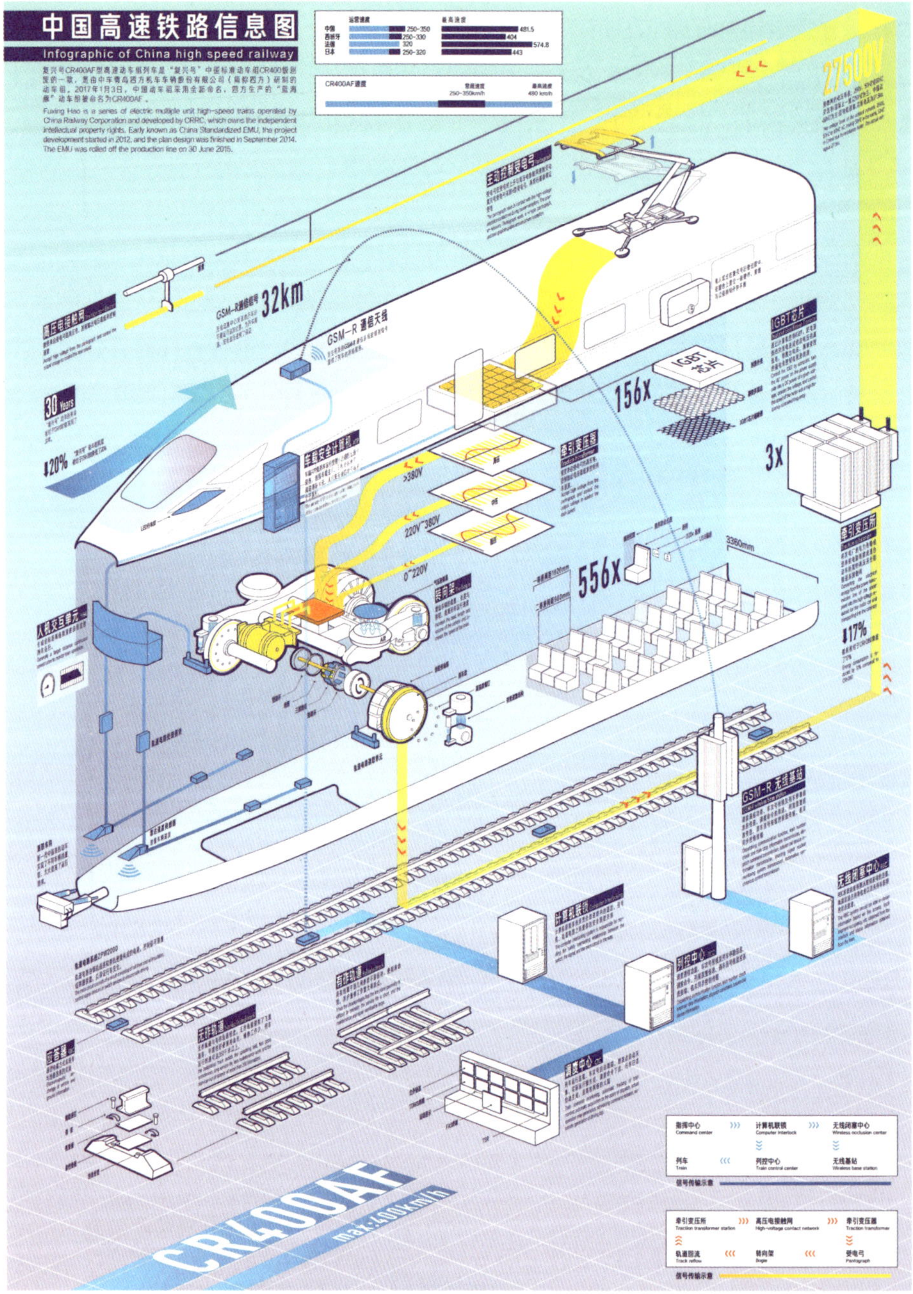
中国高速铁路信息图
Infographic of China high speed railway
复兴号CR400AF型高速动车组列车是“复兴号”中国标准动车组CR400系列的一款，是由中车青岛四方机车车辆股份有限公司（简称四方）研制的动车组，2017年1月3日，中国动车组采用全新命名，四方生产的“蓝海豚”动车组被命名为CR400AF。
Fuxing Hao is a series of electric multiple unit high-speed trains operated by China Railway Corporation and developed by CRRC, which owns the independent intellectual property rights. Early known as China Standardized EMU, the project development started in 2012, and the plan design was finished in September 2014. The EMU was rolled off the production line on 30 June 2015.
运营速度
最高速度
中国
西班牙
法国
日本
250-350
250-330
320
250-320
481.5
404
574.8
443
CR400AF速度
常规速度
250-350km/h
最高速度
480 km/h
27500V
32km
GSM-R 通信天线
156x
IGBT芯片
3x
380V
220V~380V
0~220V
3380mm
556x
30 Years
120%
117%
CR400AF
max:400km/h

图3-3-5　中国高铁的运行原理

### 3.3.1.4　过程图

过程图是一种用来展现产品或系统如何连贯运作的图表（图3-3-6）。它强调以可视化的方式呈现复杂的操作流程，非常适用于那些具有明显先后次序、步骤的主题。在该类图表中，一般会使用明显的指向图形元素来引导画面。

过程图的示例如图3-3-7，图文并茂、生动地演示了好奇号火星探测器着陆火星的全部过程。

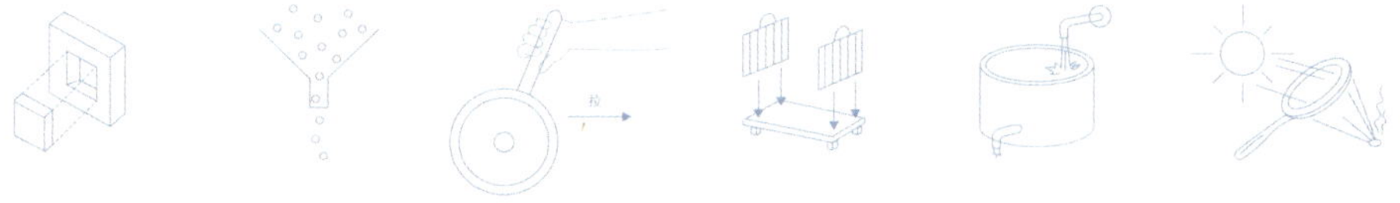

图3-3-6 过程图结构

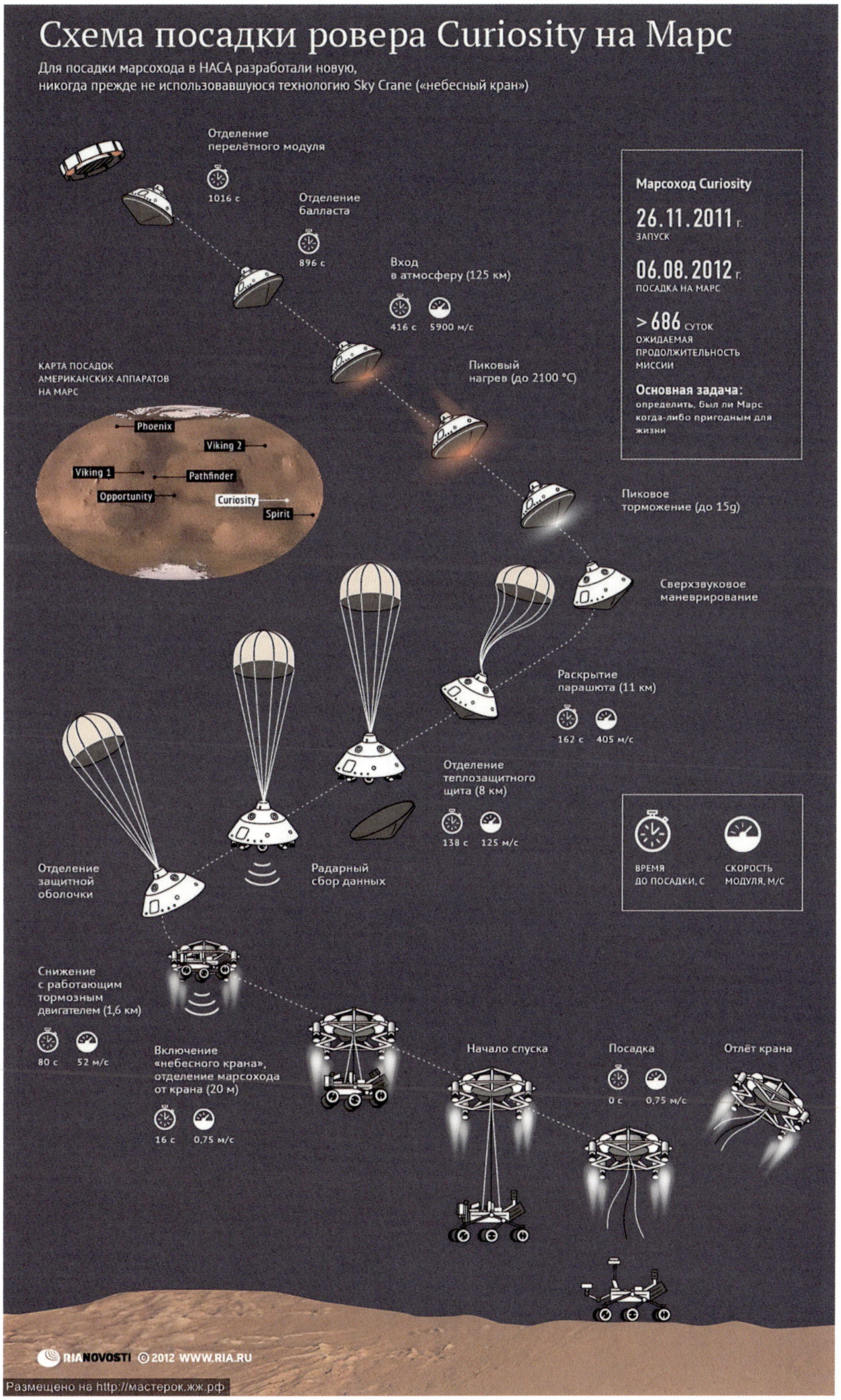


图3-3-7 好奇号火星探测器的着陆过程（RIA Novosti）

### 3.3.1.5 作用图

作用图用于展现不同物体相互作用产生的效果，它的目的是帮助观众理解分析各要素之间的关系，如因果、依赖、交互等（图3-3-8）。作用图的示例如图3-3-9。

力场图是作用图的一种情况，可用于管理变革、开发产品、评估职业等多种领域。在现实世界中，任何事物都处在一对相反作用力之下，一个是推动事物发生变革的驱动力，另一个是试图保持事物原状的制约力，这些力量相互作用，形成了一个动态平衡系统。为了使系统发生变革，驱动力必须超过制约力，从而打破平衡。此时，绘制力场图可以帮助我们以可视化方式展现作用力的相对强度和方向变化，进而方便人们更好地理解系统的动态发展。

在力场图中，我们通常使用箭头表示驱动力以及约束力这两种力量，这些箭头有粗细、长短之分，以体现作用力的相对强弱。不过值得注意的是一点是在描述力时，其措辞一般是某种清晰的行为，即只有对某事物做了什么，力才能发挥出来。

力场图的示例如图3-3-10。

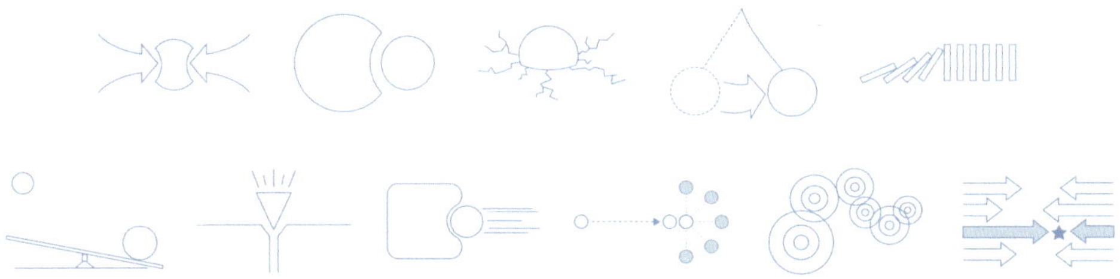

图3-3-8　作用图结构

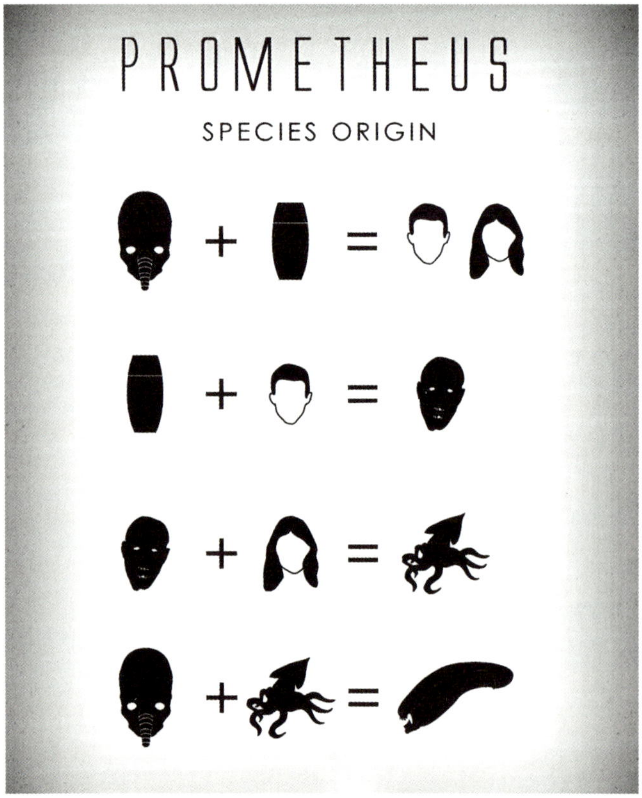


图3-3-9　电影《普罗米修斯》中的物种起源图鉴

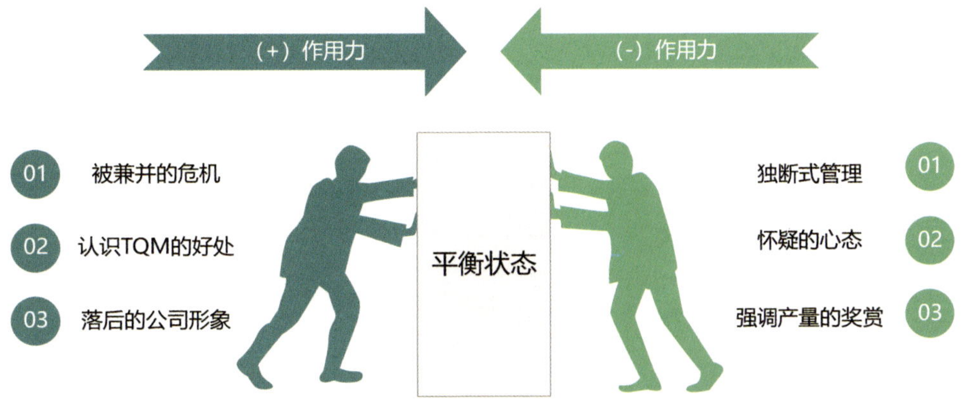


图3-3-10 力场图示例

## 3.3.2 数据展示

数据可视化是我们学习图表设计中非常重要的一部分，通过将复杂的数据转化为形象的图形可以提高信息的可读性和传达性，进而帮助观者更清晰地理解数据背后的含义。在设计数据展现图的过程中，我们要注意的是，一组成功的数据可能会包含多种参数，这时不要追求过分简化数据，而要尝试通过生动的故事来建立逻辑流畅且引人入胜的叙述，这样才能避免重要信息的丢失，同时准确传达出数据之间的内在因果关系。根据所传达的信息类型，数据展现型图表可以分为三大类：分别是对比图、趋势图与分布图。

### 3.3.2.1 对比图

对比图通常将两组或多组数据并列在一起以直观地体现它们之间的差异，常见的对比图有条形图、饼状图、散点图等。这些图表都具有其独特的优势和适用的场景，我们需要根据所比较的数据类型以及展示目的进行选择（图3-3-11）。

对比图的示例如图3-3-12，该图采用散点图的形式直观地比较不同国家的GDP与某疫苗接种率之间的关系。

### 3.3.2.2 趋势图

趋势图通常用于呈现数据随时间变化的趋势。它的横轴一般代表时间，纵轴则表示其他参数的值，各个数据点在图表中按照时间顺序排列，并通过直线或曲线相互连接，由此我们可以清晰地观察到数据的整体走势，进而推测出数据发展的演变规律（图3-3-13）。不过如果直线或曲线在某个点上出现明显的波动，这可能是数据中的异常情况，需要进一步调查。

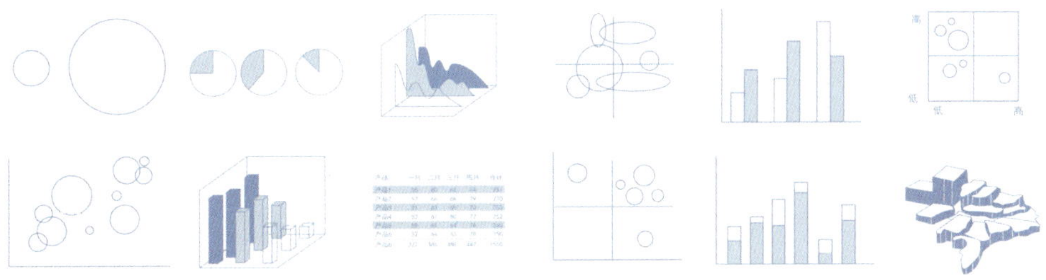

图3-3-11 对比图结构

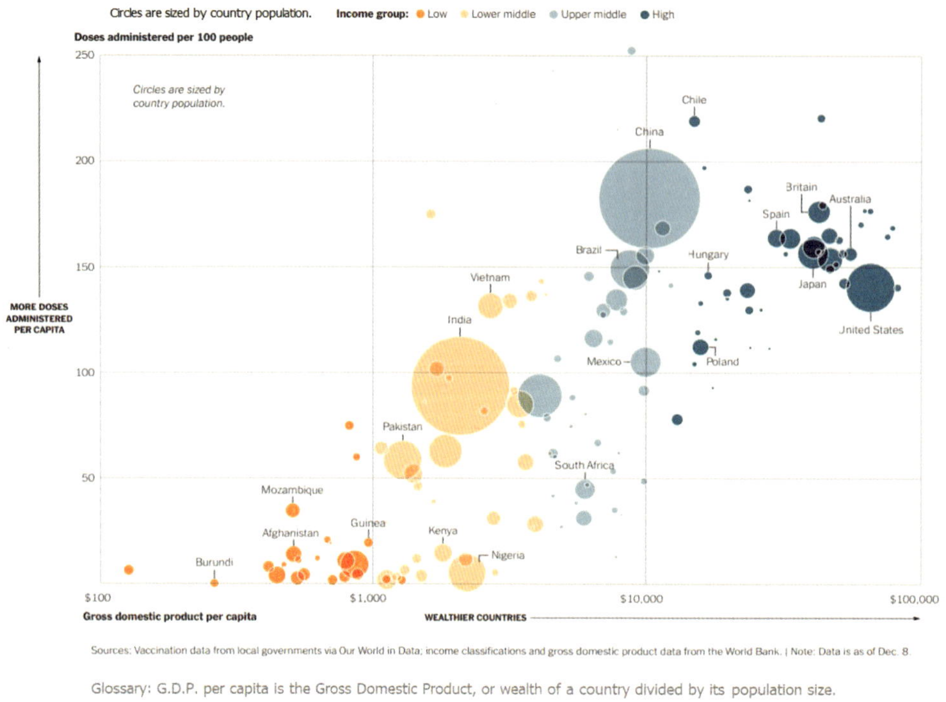


图3-3-12　各国GDP与其人口疫苗接种率之间的关系（Keith Collins、Josh Holder）

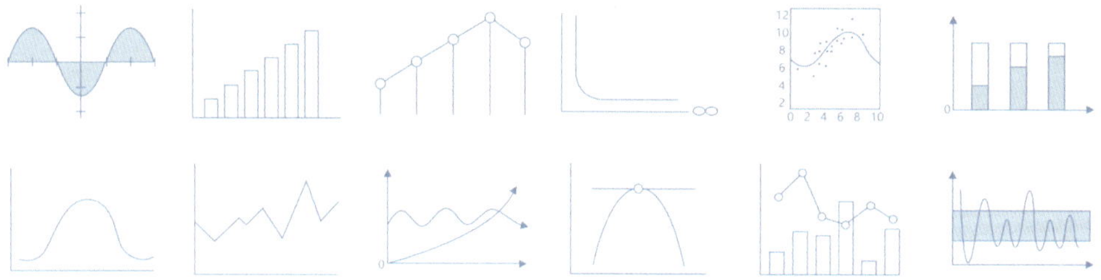

图3-3-13　趋势图结构



趋势图的示例如图3-3-14，该图提供了一种全面性的视角，其横轴表示时间（月份），纵轴表示通货膨胀水平。通过清晰的时间序列呈现，观者可以快速了解到2021年间每个因素（如能源、二手车等）的起伏波动，以及这些因素对于整体通货膨胀的动态影响。

又如图3-3-15，它以2003年美国的出生人数作为基准，通过颜色和折线的组合，观者可以清晰地看到2004—2021年每年的出生人数是高于还是低于基准线，进而总结出近年来出生率的变化趋势。

### 3.3.2.3　分布图

分布图是一种将看似无关的数据并置在同一个图表中的方法，其目的旨在从单一元素的聚合中生成规律（图3-3-16）。根据数据类型，我们可以选择适当的分布图形式，如散点、钟形曲线、雷达图等。

分布图的示例如图3-3-17，该图以雷达图的形式展现了来自34个发达国家的近10万名教师，针对经济合作与发展组织（OCED）在TALIS 2013（国际教学与学习调查）中所提出一系列问题的回答情况，我们从中可以了解到这些教师在教学过程中的参与度及奉献情况。

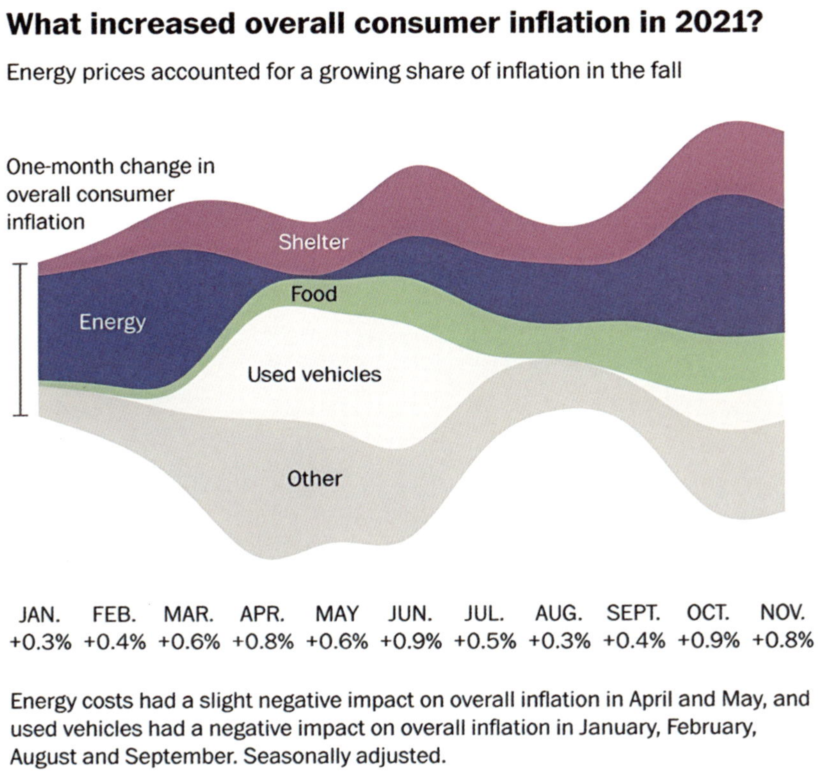
What increased overall consumer inflation in 2021?
Energy prices accounted for a growing share of inflation in the fall
One-month change in overall consumer inflation
Shelter
Food
Energy
Used vehicles
Other
JAN. +0.3%
FEB. +0.4%
MAR. +0.6%
APR. +0.8%
MAY +0.6%
JUN. +0.9%
JUL. +0.5%
AUG. +0.3%
SEPT. +0.4%
OCT. +0.9%
NOV. +0.8%
Energy costs had a slight negative impact on overall inflation in April and May, and used vehicles had a negative impact on overall inflation in January, February, August and September. Seasonally adjusted.

图3-3-14　2021年美国通货膨胀的影响因素（THE WASHINGTON POST）

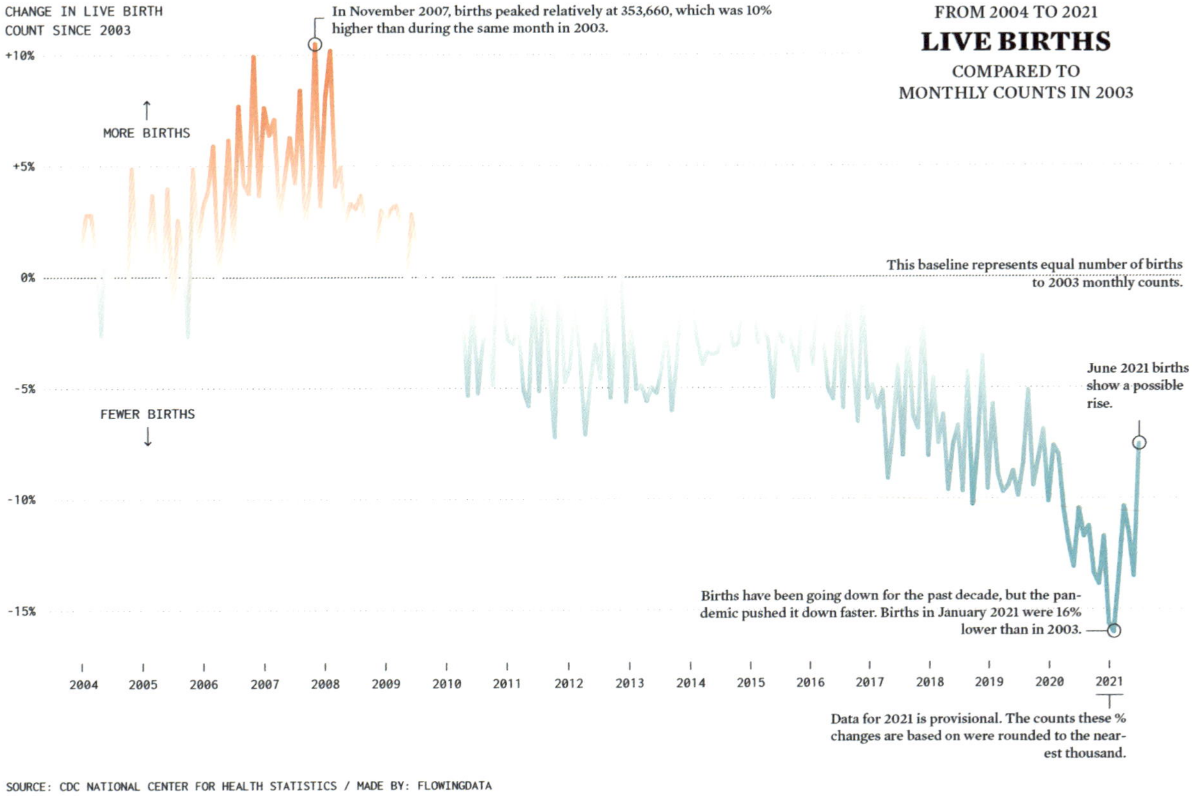
CHANGE IN LIVE BIRTH COUNT SINCE 2003
In November 2007, births peaked relatively at 353,660, which was 10% higher than during the same month in 2003.
FROM 2004 TO 2021
LIVE BIRTHS
COMPARED TO MONTHLY COUNTS IN 2003
+10%
+5%
0%
-5%
-10%
-15%
MORE BIRTHS
FEWER BIRTHS
This baseline represents equal number of births to 2003 monthly counts.
June 2021 births show a possible rise.
Births have been going down for the past decade, but the pandemic pushed it down faster. Births in January 2021 were 16% lower than in 2003.
2004
2005
2006
2007
2008
2009
2010
2011
2012
2013
2014
2015
2016
2017
2018
2019
2020
2021
Data for 2021 is provisional. The counts these % changes are based on were rounded to the nearest thousand.
SOURCE: CDC NATIONAL CENTER FOR HEALTH STATISTICS / MADE BY: FLOWINGDATA

图3-3-15　美国近年来出生率的变化趋势（Nathan Yau）

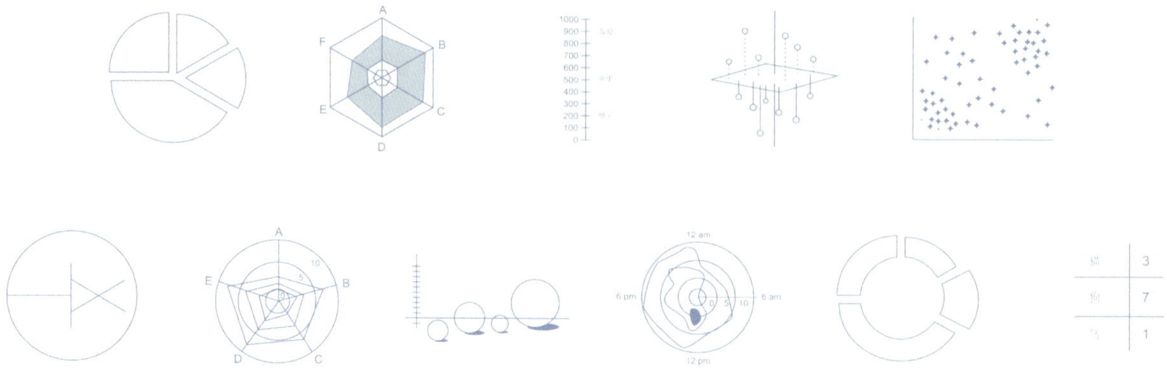

图3-3-16　分布图结构

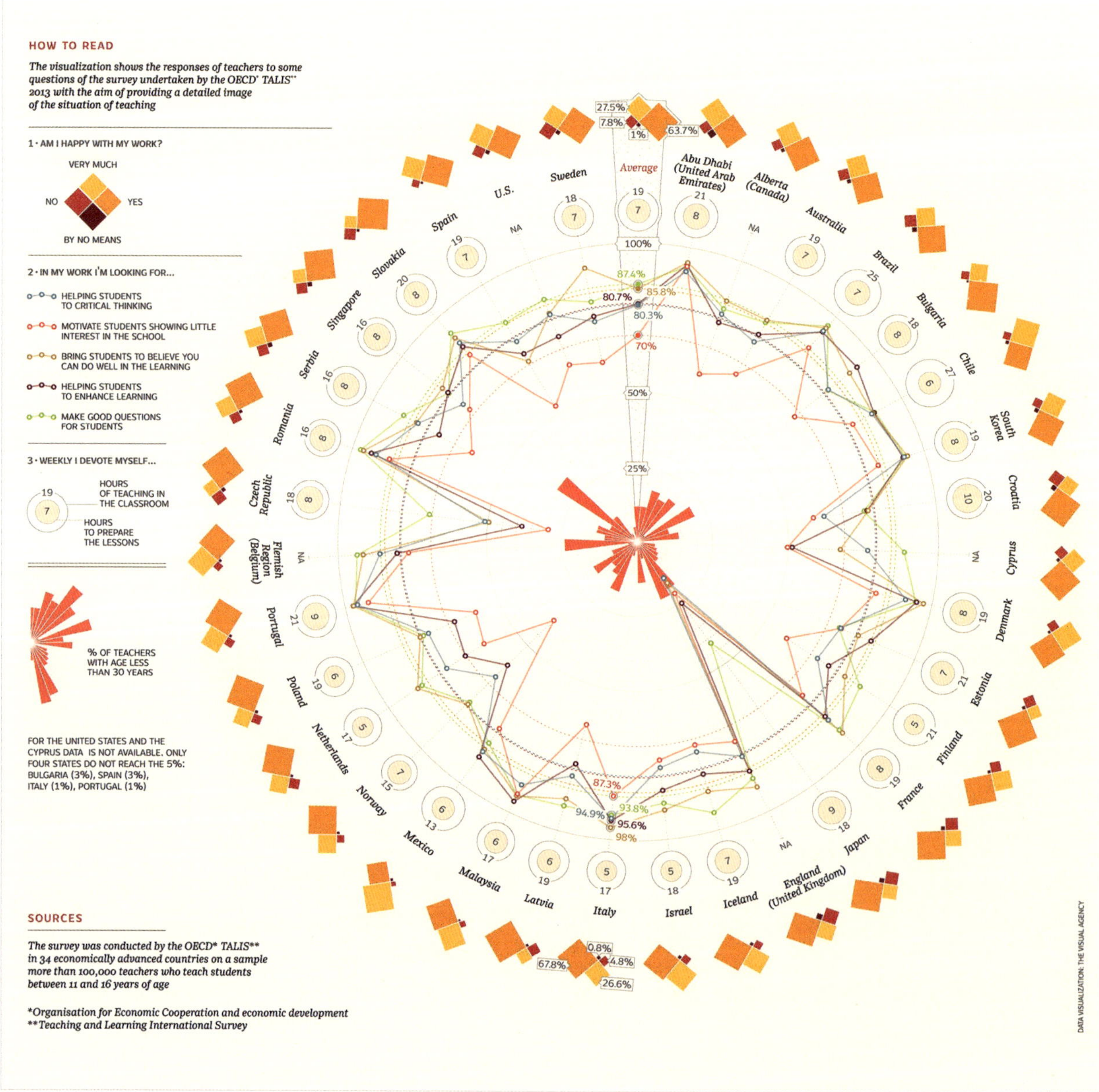


图3-3-17　近10万名教师针对OCED在TALIS 2013调查中一系列问题的回答情况（Benedetta Signaroldi）

# 4 CHAPTER 信息图形设计要点与流程

现在简单回顾一下前面的章节，我们首先从信息图形的历史出发，寻古探今，了解到它们如何在现代社会中成为传达信息的有力工具。继而，我们通过类比的方式深入研究了语言语法与图形语法的共通之处，并逐一介绍了与后者相关的一些概念，如图形对象、图形空间、图形关系等，了解这些有利于我们后续从学术的角度构建符合人们信息获取需求与视觉审美需求的作品。再者，我们进一步分析了常见的信息图表结构，并提供了多样化的典型示例和应用场景，以帮助读者掌握不同图表类型的适用条件和优势所在。

至此，我们对信息图形应该已经建立起了初步的认知。在当今数字时代下，信息图形已然成为日常传播和交流过程中的重要方式，它通过图形来简化信息，既减轻了长篇文字解释带来的认知负荷，又提升了人们在感性层面的体验，因此更符合当下碎片化、快节奏的生活方式。那么如何设计信息图形呢？对于未来的设计工作者来说，显然仅掌握前面的理论知识是远远不够的，我们还需要了解信息图形从无到有的构建方法。因此，接下来我们将重点关注信息图形的设计要点与流程，着力帮助读者融会贯通，在具体的实践中创作出令人印象深刻且能够有效传达信息的图形。

从整体上来看，与其他设计领域相似，信息图形也遵循着以人为本的设计原则，按照“灵感—构思—实施”的经典思路推进。不过需要注意的是该思路并不是一连串秩序井然的步骤，而是一个彼此重叠、反复迭代的系统，这要求我们在设计的过程中不断调整改进。



## 4.1 信息图形设计的要点

对于图形一词，“图”是指基本的图像，而“形”则代表对图像特征的提取。现实中的事物形象丰富多彩，艺术家和设计师在描绘它们的时候，往往会在潜意识或主观能动性的指导下对其特征进行简化和提取。如法国具象绘画大师巴尔蒂斯（Balthus）的绘画大多利用几何线条与形体进行块面分割，同时通过减弱亮部与暗部的过渡、舍去复杂细节、加强肌理效果等方式令画面在矛盾中形成统一（图4-1-1）；又如野兽派创始人亨利·马蒂斯（Henri Matisse）致力于探索“创造更简洁、不让精神窒息的方法”，以寻求色彩和造型之间的平衡——在其相关系列作品中，松弛的形与铺张的色达到了和谐统一（图4-1-2）；又如安迪·沃霍尔（Andy Warhol）在创作中借助无穷无尽的复制与变奏将人物头像或日常事物符号化，由此传达出某种冷漠、空虚、疏离的感觉（图4-1-3）。

图4-1-1 《女孩在窗口》(巴尔蒂斯)

图4-1-2 《从颜色中来》(马蒂斯)

图4-1-3 《猫》(安迪·沃霍尔)

这种主动认识并在实践中改造客观世界形象的过程便构成了图形形成的关键环节，也标志着图形设计的开始阶段。那么我们在认识、提炼、改造物体形象特征的时候是否有章可循呢？信息图形的设计是否有规可依呢？接下来我们将从图形的三大基本构成元素入手，深入探讨图形设计的要点。

## 4.1.1 信息图形的构成元素及组合方式

在信息图形的设计中，点、线、面这三大基本元素扮演着至关重要的角色。它们不仅是构建图形的基石，也可以通过大小、粗细、曲直、虚实、肌理、明度、色相、纯度等各种属性的变化及其不同的组合方式，来为作品注入更加丰富多彩的表现力。接下来，我们将分别从点、线、面出发，逐一探究其形式语言在图形设计中的独特应用。



### 4.1.1.1 信息图形的构成元素——点

点是一切形态的基础，也是信息图形构成元素的最小单位。在几何系统中，点既无长度也无宽度，它没有大小，只具有位置；而在图形设计中，作为一种可见的视觉形象，点既拥有位置和方向上的差别，还被赋予了大小和形状上的变化。

A. 点的性质

点在对比中存在，其大小是相对而非绝对的。如一个字相较纸面是个点，而纸相较桌面也是一个点，所以点没有固定的大小，只能凭借参照物来判断。点的形式也并非局限于圆点形状，它可以包括任何形态，如矩形、三角形、扇形等。事实上，自然界中的任何形态，只要缩小到一定程度，都能够让人产生点的心理感受，并以点的性质而存在（图4-1-4）。现实中的点各式各样，整体上可分为规则点和不规则点两类：规则点指严谨有序的几何形态点，不规则点则指那些自由随意、偶然形成的点（表4-1-1）。

图4-1-4　小船以点的形式在海面存在

表4-1-1　点的形态

| 分类方法 | 形态 |
|---|---|
| 按形态成因划分 | 具象、抽象、偶发形态等 |
| 按空间划分 | 实点、虚点、点的线化、点的面化等 |
| 按肌理质感划分 | 光点、波纹、重叠印刷效果等 |

B. 点的应用

一个点在平面上，因其简洁而突出的特性，与其他元素相比更容易吸引人的视线，因此能够充当视觉中心的焦点，发挥聚焦和定位的关键作用。而两个以上的点在平面上可以有多种不同的对应关系，如并列、重叠、对比等，此时可以通过这些关系来引导观者的视线流向或增加画面的层次感受。

在信息图形中，设计师经常通过巧妙地运用“点”来整合或展示同类信息，以实现明确的内容传递和清晰的视觉引导。在此过程中，圆点一般被视为是最理想的点的形式之一，因而被广泛使用。如图4-1-5便利用圆点对各层级信息的外轮廓进行了优化，不仅使画面的视觉效果更为集中均衡，还通过圆点的有序排列和颜色分布，加强了同类信息之间的关联度。

点的移动轨迹可以构成线和面，如单一的文字是一个点，一行文字就形成了线，一个区域内的文字则可形成一个面，这种从点到线再到面的演变能够为信息图形设计赋予更为多元的表达可能性。

点线在设计中兼具线的优势和点的特征，它在设计中经常与实体线搭配使用，以营造出错落有致的层次感。这种组合不仅使设计更为立体，而且还通过点的离散性和线的连续性之间的对比，形成了视觉上的引导线。点面在设计中亦同时具有面的结构和点的美感，能够创造出一种整体性的视角，使得作品呈现出视觉上的稳定感，并产生更强大的视觉张力。如图4-1-6所展示的星球信息版面中，圆形文字区域形成的虚面与插图中星球形象形成的实面相互呼应，共同营造出宇宙太空神秘广袤的氛围。

图4-1-5　虚构工厂系列之一（Jing Zhang）

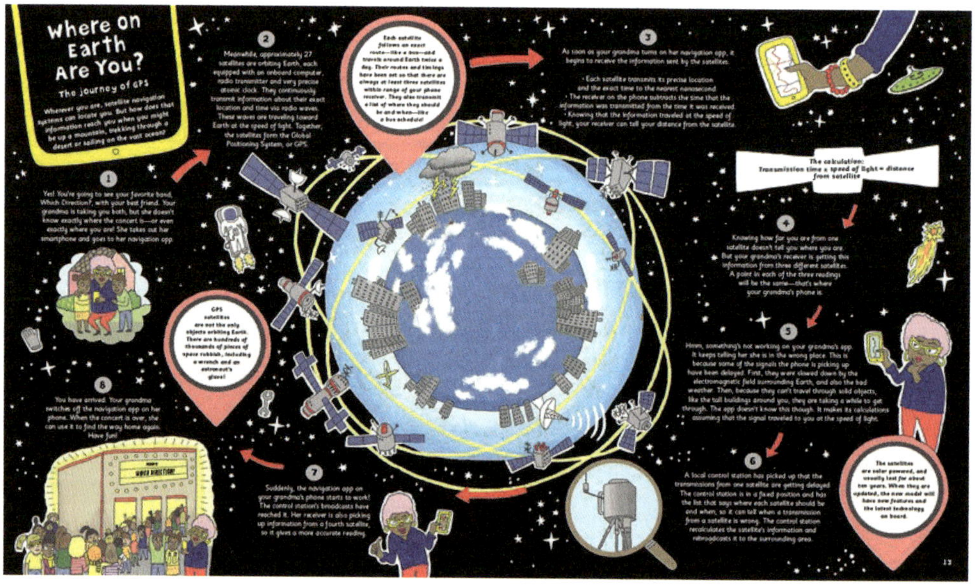


图4-1-6　《日常事物怎样来》（Libby Deutsch、Valpuri Kerttula）

### 4.1.1.2　信息图形的构成元素——线

A. 线的性质

几何学中的线只有位置、长度和方向，不具备宽度和厚度。而在信息图形设计中，线的形态非常丰富，表现形式也千变万化（表4-1-2）。

直线和曲线是两种最基本的线型，其中直线包括水平线、垂直线、斜线、折线等，曲线包括几何曲线和自由曲线等。另外，根据线的自身特征来看，它又具备粗细、深浅、曲直、轻重、虚实、质感等方面的变化。

表4-1-2 线的形态与性格

| 线的形态 | 性格 |
| --- | --- |
| 垂直线 | 生命力、伸展感、坚毅、肃穆、严谨 |
| 水平线 | 平稳、静止、延展、安定、呆板、宽广 |
| 斜线 | 积极、运动感、动向及方向感强 |
| 折线 | 生硬、方向性、易形成空间感 |
| 几何曲线 | 弹力、紧张度强，规则美 |
| 自由曲线 | 温柔、优美、自由、潇洒随意、多变 |
| 细线 | 精致、挺拔、锐利、速度感 |
| 粗线 | 敦实、有力、沉重 |

B. 线的应用

由于视觉上的延伸性，线相较于点占据了更大的视觉空间，这使之成为图形设计中极具表现力的元素。设计师通过控制线的内在属性和排列方式，可以创造出异彩纷呈的视觉效果。

线在画面中常见的作用有形成轮廓、界定位置、分割版面、引导视线、构成装饰、传达情感等。如图4-1-7中大量的水平、垂直线与局部的斜线产生的强烈对比，突出了倾斜区域人物的情绪特征。又如图4-1-8，主图形左侧通过较粗的轮廓线条勾勒出了醒狮的骨骼结构，与右侧细腻的图形插画形成对比，使得醒狮的力量感和生动性跃然纸上。



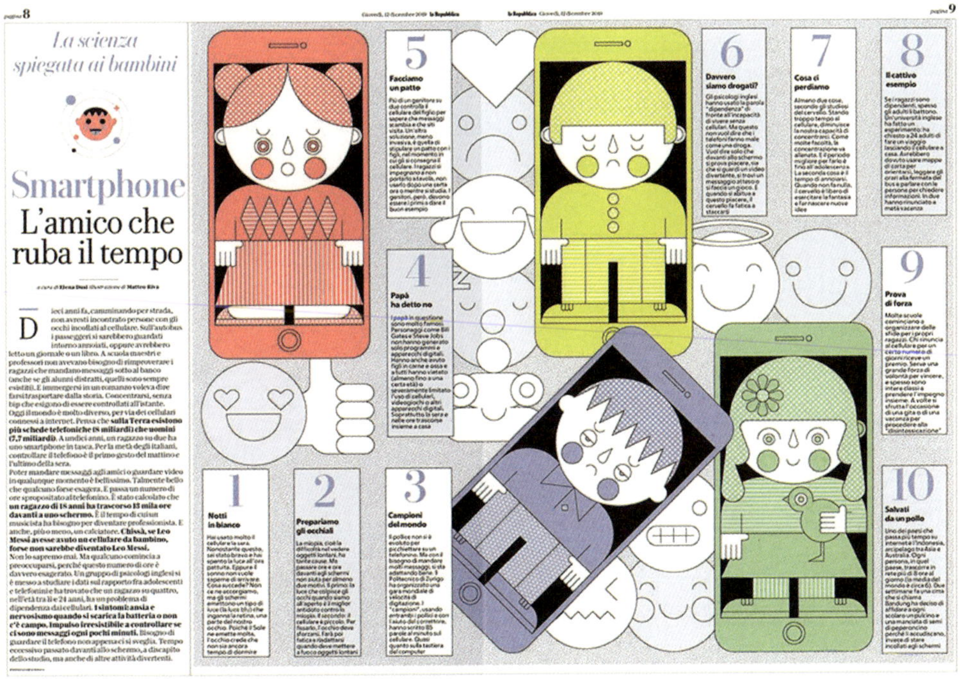


图4-1-7 直线/斜线对比案例

另外，一根线既可以是众多点的连接，也可以是众多线的聚集，还可以是单个面的侧面展示。由此我们可以看出线在图形设计中是一种非常灵活的元素，它可点、可线、可面，具有极强的可塑性和多元性。这种特性亦为我们提供了广阔的创作空间，如图4-1-9所示，通过疏密得当的线条，设计者生动地塑造了北京邮电大学的标志性建筑。在该作品中，线不仅起到了简单的外观描边作用，而且还通过色彩、虚实、粗细的对比巧妙地表达了对象的纹理细节及空间层次，营造出一种独特的现代氛围。

4.1.1.3　信息图形的构成元素——面

A.　面的性质

面可以理解为由轮廓线包围的图形，它具有大小、形态、位置等属性，其中形态对图形设计的整体效果起到了重要的主导作用（表4-1-3）。根据形态差异，面可分为几何形态面、有机形态面、不规则形态面和偶发形态面（图4-1-10至图4-1-13）。

表4-1-3　面的形态与性格

| 面的形态 | 性格 |
| --- | --- |
| 几何形态 | 明快、单纯、规整、秩序 |
| 有机形态 | 生机、膨胀、优美、弹性 |
| 不规则形态 | 自由、具有一定的情态、情趣 |
| 偶发形态 | 随机性、意外、不可复制 |

图4-1-8　广东醒狮文化信息图表（钱颖）



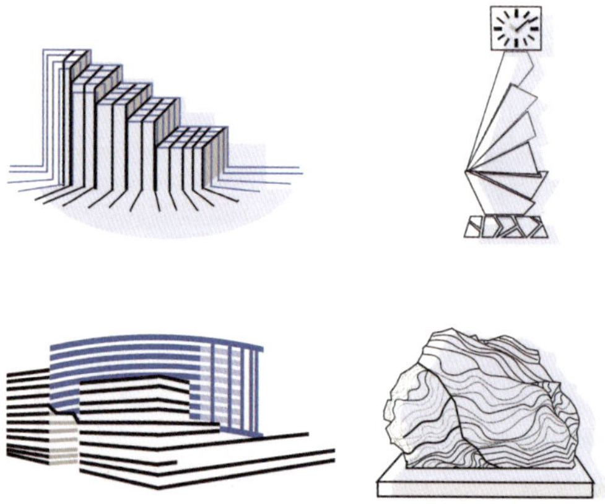

图4-1-9　建筑图形（张文曦）

图4-1-10　几何形态面示例——《构成8号》（瓦西里·康定斯基）

图4-1-11 有机形态面示例

图4-1-12 不规则形态面示例



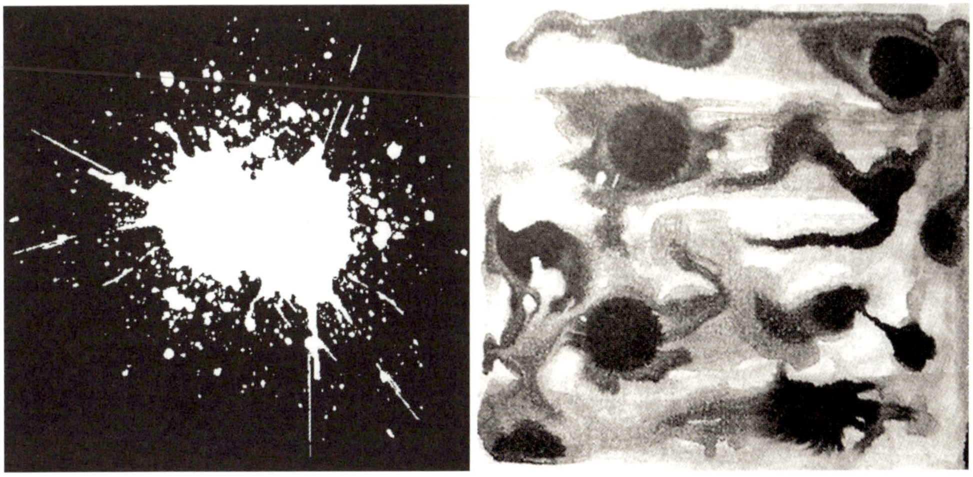

图4-1-13 偶发形态面示例

B. 面的应用

与点和线相比，面具有更广泛的覆盖区域，这意味着它在视觉上占据更多的空间，因此能够带来更强烈的视觉冲击。在信息图形的设计中，面通常以剪影的形式出现，用于强调物体的形状或轮廓（图4-1-14）。面也经常与点和线综合构成图形，或者充当主体内容的背景。

有时候，通过调整面的明度、大小或叠压变化，设计者可以打破平面的界限，创造出具有空间感和趣味性的作品，如图4-1-15便通过若干不同透明度的色面生动地表现出纽约市内诸多摩天大楼之间的位置关系。

此外，通过巧妙运用面与面的颜色对比，同类信息间的关系也能够得到进一步深化。如图4-1-16中不同色块的背景区域代表着一类信息，整个图形由此形成了明确有序的组织结构，有助于观者轻松识别并理解不同的信息单元。

### 4.1.1.4 构成元素的组合方式

在信息图形的设计中，设计者需要根据内容主题、观念情感等仔细考虑每一个构成元素的形状、颜色、纹理等属性。不过值得注意的是，单单思考这些元素的独立表现是远远不够的，我们还需要对这些元素之间的组合方式加以斟酌，以创造出更为统一有序、能够引发共鸣的信息图形。

A. 对称与均衡

对称是指图形或版面相对于某个点、线、面而言，在大小、形状和排列上具有一一对应的关系。信息图形的对称性可分为绝对对称和相对对称两种形式。

绝对对称是指沿中心轴两端或者中心点四周的各组成部分在造型、色彩等方面几乎完全相同，能够给人带来极其和谐、规整的观赏体验。如图4-1-17所示，轴对称的应县木塔图表带给人一种非常稳定、庄严的感受。

相对对称是指沿中心轴两端或者中心点四周的各组成部分在整体形态上保持一定

图4-1-14　面元素在图形设计中的应用——字间形意（Daniel Wiesmann）

图4-1-15　纽约摩天大楼彩色图（Yoni Alter）

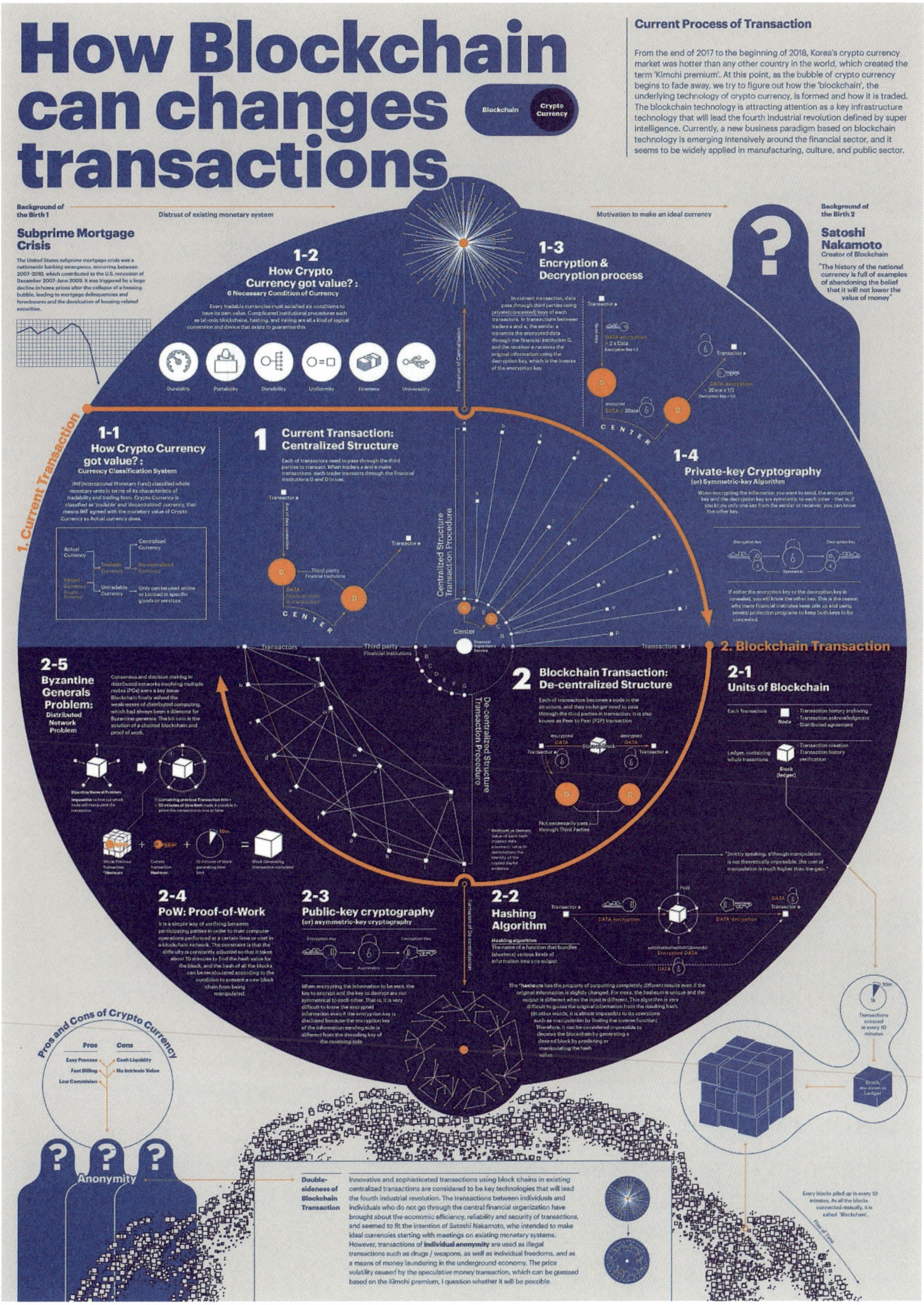
How Blockchain can changes transactions
Blockchain
Crypto Currency
Current Process of Transaction
From the end of 2017 to the beginning of 2018, Korea's crypto currency market was hotter than any other country in the world, which created the term 'Kimchi premium'. At this point, as the bubble of crypto currency begins to fade away, we try to figure out how the 'blockchain', the underlying technology of crypto currency, is formed and how it is traded. The blockchain technology is attracting attention as a key infrastructure technology that will lead the fourth industrial revolution defined by super intelligence. Currently, a new business paradigm based on blockchain technology is emerging intensively around the financial sector, and it seems to be widely applied in manufacturing, culture, and public sector.
Background of the Birth 1
Distrust of existing monetary system
Subprime Mortgage Crisis
Motivation to make an ideal currency
Background of the Birth 2
Satoshi Nakamoto
Creator of Blockchain
"The history of the national currency is full of examples of abandoning the belief that it will not lower the value of money"
1-2
How Crypto Currency got value? :
6 Necessary Condition of Currency
Durability
Portability
Divisibility
Uniformity
Fineness
Universality
1-3
Encryption & Decryption process
1. Current Transaction
1-1
How Crypto Currency got value? :
Currency Classification System
1
Current Transaction: Centralized Structure
Centralized Structure Transaction Procedure
Center
Third party
1-4
Private-key Cryptography
(or) Symmetric-key Algorithm
2. Blockchain Transaction
2-5
Byzantine Generals Problem:
Distributed Network Problem
2
Blockchain Transaction: De-centralized Structure
De-centralized Structure Transaction Procedure
2-1
Units of Blockchain
2-4
PoW: Proof-of-Work
2-3
Public-key cryptography
(or) asymmetric-key cryptography
2-2
Hashing Algorithm
Pros and Cons of Crypto Currency
Pros
Cons
Easy Process
Fast Billing
Low Commission
Cash Liquidity
No Intrinsic Value
Anonymity
Double-sideness of Blockchain Transaction
Innovative and sophisticated transactions using block chains in existing centralized transactions are considered to be key technologies that will lead the fourth industrial revolution. The transactions between individuals and individuals who do not go through the central financial organization have brought about the economic efficiency, reliability and security of transactions, and seemed to fit the intention of Satoshi Nakamoto, who intended to make ideal currencies starting with meetings on existing monetary systems. However, transactions of individual anonymity are used as illegal transactions such as drugs / weapons, as well as individual freedoms, and as a means of money laundering in the underground economy. The price volatility caused by the speculative money transaction, which can be guessed based on the Kimchi premium, I question whether it will be possible.

图4-1-16 区块链如何改变交易方式（Cinhaus）

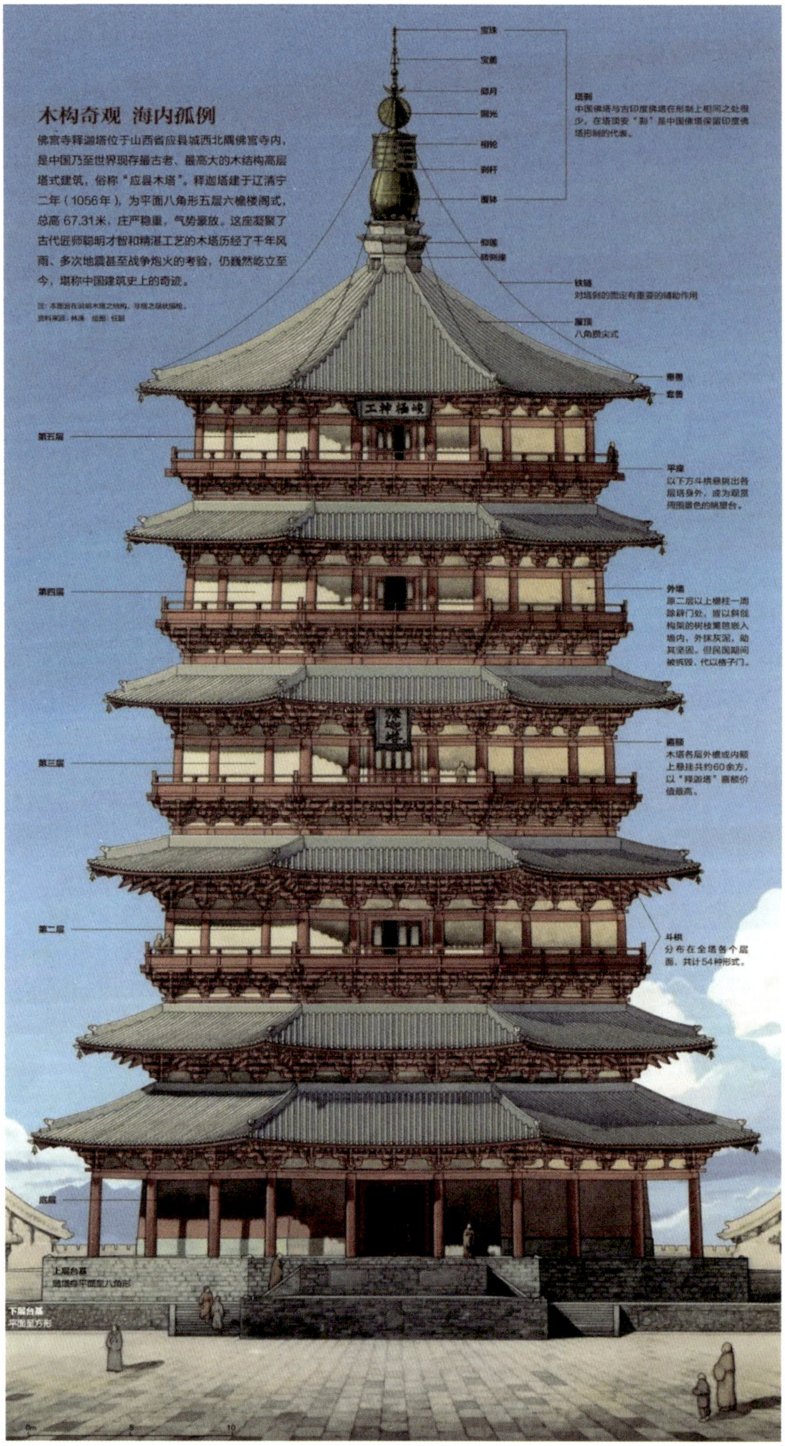
木构奇观 海内孤例
佛宫寺释迦塔位于山西省应县城西北隅佛宫寺内，是中国乃至世界现存最古老、最高大的木结构高层塔式建筑，俗称“应县木塔”。释迦塔建于辽清宁二年（1056年），为平面八角形五层六檐楼阁式，总高67.31米，庄严稳重，气势豪放。这座凝聚了古代匠师聪明才智和精湛工艺的木塔历经了千年风雨、多次地震甚至战争炮火的考验，仍巍然屹立至今，堪称中国建筑史上的奇迹。
第五层
第四层
第三层
第二层
底层

图4-1-17 应县木塔结构说明

的相似性，但在细节方面略有不同。这种设计手法既保留了对称性所带来的整体平衡感，又在一定程度上引入了局部的个性化表达，使得设计更富趣味性和活力感。如图4-1-18中的书籍图形，整体是对称的，然而左右布局稍有差异，对称中蕴含对比，统一中暗含变化。

均衡是视觉元素相互组合的另一种形式，与对称不同，它显示的是视觉上一种等量却不等形的平衡状态。在均衡形式下，图形的左右形态并不处在对称状态，但设计者可利用力学中的“杠杆原理”，通过调整各个元素的形态大小、位置分布或相互关系等，来改变“支点”的位置，从而营造出视觉上的平衡感。

在信息图形中，设计者可以通过将主要元素放置于中心位置，其他元素围绕主体错落有致地排布，以保持整体的稳定性，并获得丰富的画面层次感。除此之外，色彩的均衡也至关重要，设计者需保证各个色彩在面积、比例、冷暖、明度、纯度等方面合理搭配。图4-1-19的韩式紫菜包饭信息图表就是一个很典型的均衡图形案例，既灵动，又稳定。

图形中的任何元素都会产生一定的视觉冲击力，从动势均衡的角度来看，如果造型元素的布局超出了人的视觉对动势的忍受程度，就会使画面趋于不稳定和动荡。因此在信息图形的排版上，设计者采用垂直和水平方向的构图是实现均衡视觉效果最为稳定的方式。如果想要构图上有所突破，也可以采用“S”形结构，以求得画面中动态的均衡。图4-1-20是“S”形构图的一个典型案例。

B. 节奏与韵律

节奏和韵律本是音乐领域中的概念：节奏是指音乐节拍轻重缓急的变化和重复；韵律则指音乐声调的韵味和旋律，是在节奏的基础上融入情感色彩而不断产生变化的形式。在信息图形设计中，设计者可以借用节

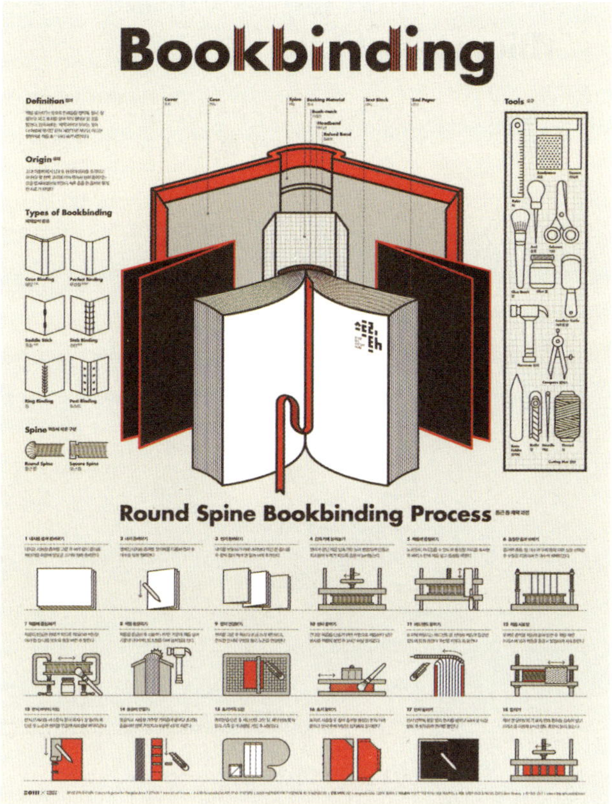


图4-1-18 书籍装帧相关信息可视化（张圣焕）

图4-1-19 紫菜包饭相关信息可视化（张圣焕）

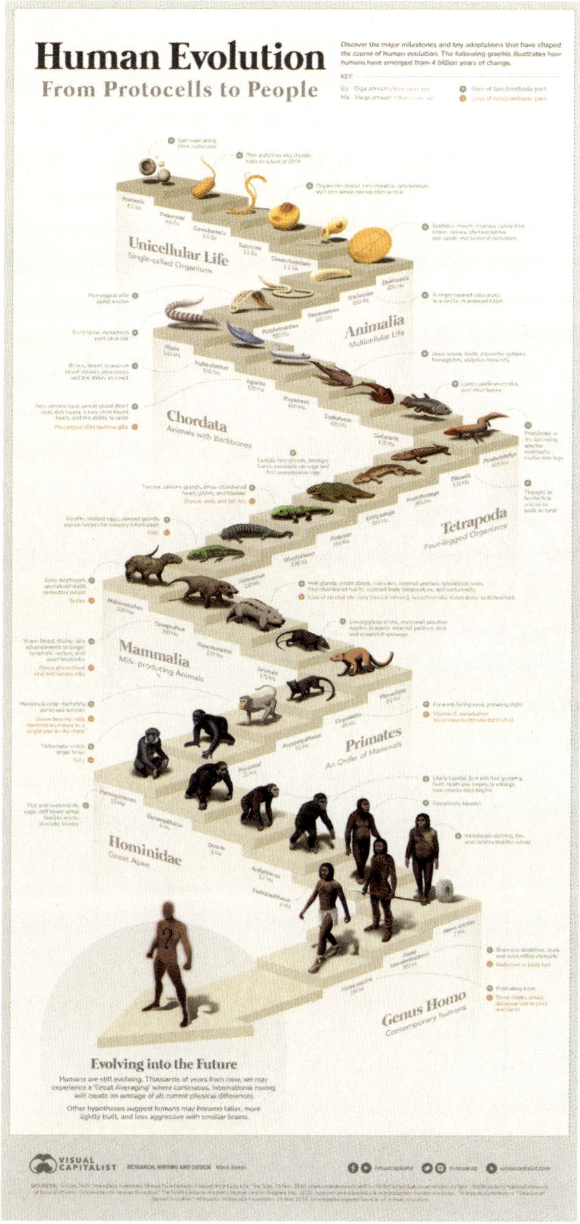


图4-1-20 人类进化史——全地球视角版本（Mark Belan）

奏与韵律的概念，通过对可视形象的大小比例、疏密间隔、高低长短、虚实间隙、色彩搭配等的重复与变化，实现和谐而又不失灵动的效果。

当画面中某一要素连续重复又包含变化时，便能产生视觉上的节奏和韵律。图4-1-21中咖啡杯形态和构成重复又不乏变化的排列能使信息图形显得和谐统一又丰富灵动。

而当各视觉元素在规律形式的基础上开始渐次地发展变化，并呈现出一波三折、抑扬顿挫的动态美时，画面便可传达出某种触及人心的韵律感。

图4-1-21　各类咖啡成分指南（Zoe Yin）

图4-1-22通过逐渐变小的规则方体与自由分布的生物形态来表达地球的生物量，呈现出一种整体上秩序清晰、细节上自由变化的韵律感。

## 4.1.2　信息图形设计方法一——轮廓提取

在讲述这部分之前，让我们先看一下图4-1-23中所描绘的对象是什么。显而易见，我们仅仅凭借轮廓就能判断出这些图形是不同种类的家禽家畜剪影。事实上，轮廓剪影正是图形简化与提炼的常用手法，被视为创作图形符号的有效路径之一。

鲜明的轮廓在观者认知图形符号时扮演着至关重要的角色。正如在日常生活中，当我们远远看到一个人的身影时，即使五官和服装等细节难以辨别，我们仍然能够依赖大致的轮廓来判断此人是不是我们认识的朋友。在信息图形符号的设计中，设计者需要基于对事物的直观感受，提取出其典型性特征，并运用形式语言对其进行视觉表达。这种设计方式能够去除多余的细节，突出事物的主要特征，使图形更具辨识度和表现力。接下来，我们将分三步来介绍轮廓提取的具体流程。

### 4.1.2.1　确定图形关键特征

在创作兼具艺术感和符号性的剪影图形时，首先需要根据所要传达的信息内容选择合适的参考图形。例如关于老年人群体的信息图形设计就可以使用老年人的相关形象进行视觉表达。为了能够更精确地呈现老年人的特征，我们可以横向对比老年人、中年人、青年人在形象体态、生活习惯、涉及场景等多方面的特征，由此分析整理出老年人形象中的显著特征（图4-1-24）。

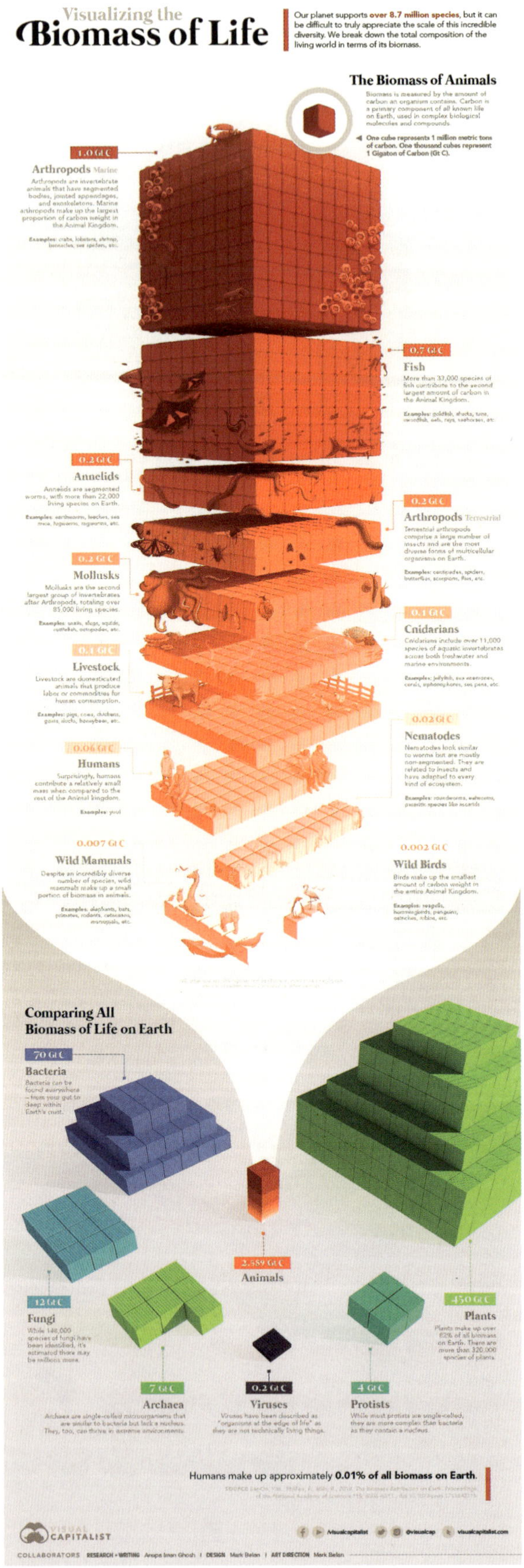


图4-1-22　地球上各种生命的生物量可视化（Mark Belan）

拓展案例：
《瓷韵——形态演变之美》

图4-1-23 家禽动物剪影

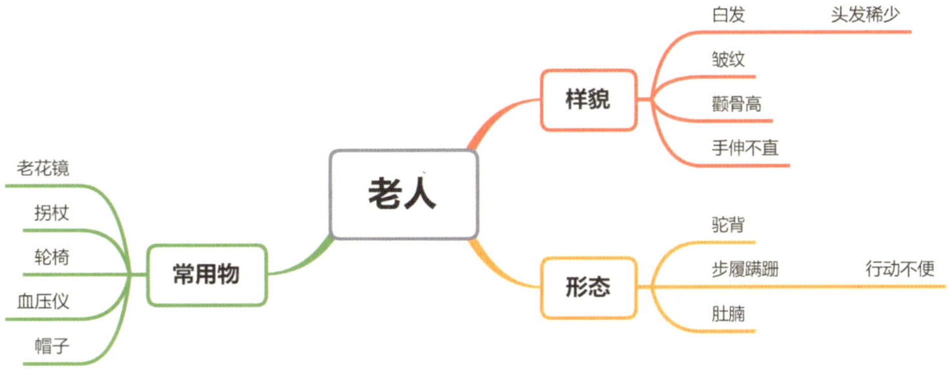


图4-1-24 老年人图形符号特征分析思维导图



4.1.2.2 剪影图形轮廓提取

完成信息整理工作后，我们可以去查找与老年人物形象相关的各类素材图片（图4-1-25），并根据素材图片进行剪影轮廓的初步提取。

之后便是着手简化图形的细节：一方面需要保留最为关键的特征，例如弯腰驼背的形态、生活用品中的草帽、手杖等（图4-1-26）；另一方面则应该简化服装上的装饰细节和琐碎褶皱，将复杂的细节形态转化为简单的几何形状（图4-1-27）。

图4-1-25　老年人照片素材

图4-1-26　老年人剪影轮廓的初步提取

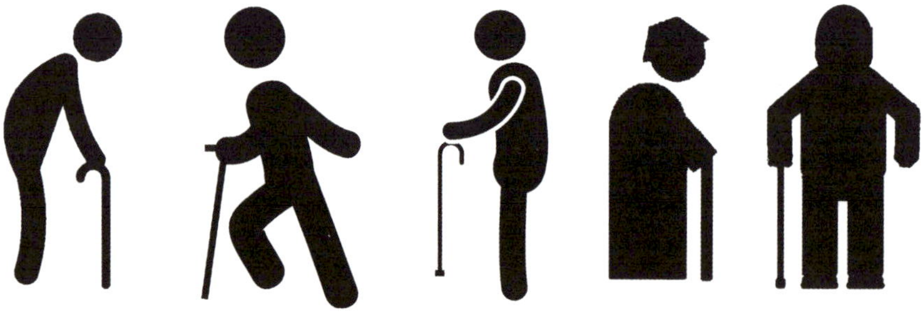

图4-1-27　老年人剪影轮廓的主观提炼



至此，我们以明喻的方式完成了对老年人剪影图形的轮廓提取，这种手法可以直观地表达信息内容，提高信息传递的效率。不过，通过隐喻方式来提取图形能够使设计更具趣味性和感染力。如图4-1-28也是关于老年人的信息传达，选择的图形是与老年群体有直接联系的生活用品——手杖，虽然这并不是显而易见的人物形象，但却并不影响观者对信息的解读和判断。手杖图形相比上文的人物图形来说更为简单直接，信息传递也更具吸引力和记忆点。

在前面的案例中，我们可以发现与老年群体相关的人物形象和手杖形象都运用了侧面的剪影轮廓进行视觉表达。这是因为在提取剪影图形时，我们需要对多张素材照

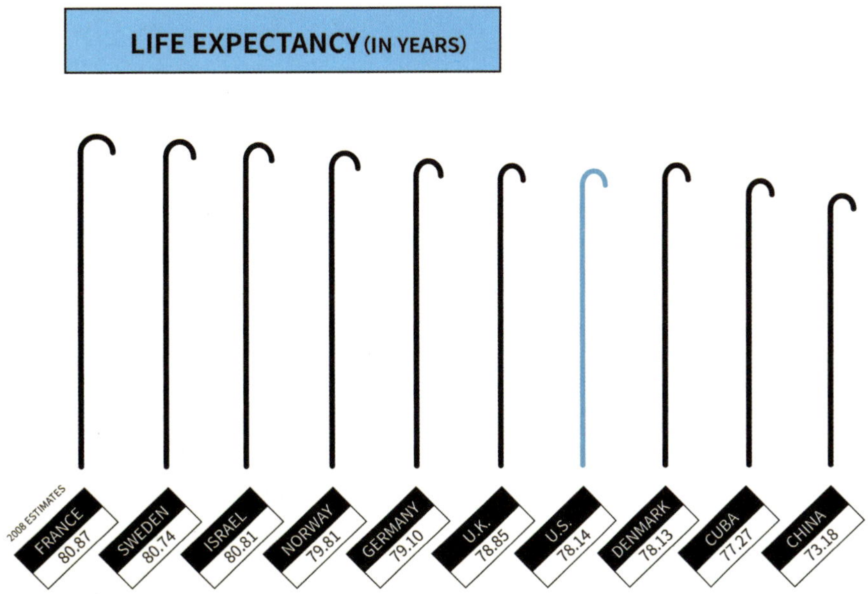


图4-1-28 2008年老年人预期寿命数据图表（Karlsson Wilker）

片进行筛选，找到事物最具代表性的关键特征。除了常见的侧面轮廓，也有正面轮廓、动作轮廓、俯视轮廓、局部轮廓、隐喻轮廓等多种方式可供使用，具体选择哪种需要根据实际情况加以分析。以动物为例，骆驼的侧面比正面更具符号性（图4-1-29），其侧面剪影更能体现形体特征，大多数动物都是侧面更具特征性（图4-1-30），而螃蟹却是顶视角较为突出（图4-1-31）。

值得一提的是，局部剪影轮廓的应用常常能够给人带来极大的联想空间，运用在信息图形中可以为观者提供强烈的视觉冲击，增强信息传达的效果，如图4-1-32独奏音乐会的海报。

4.1.2.3 剪影图形细节处理

当提取出剪影轮廓图形之后，为了使之在信息传递上呈现出更加丰富和深刻的效果，我们可以从颜色肌理、分割组合、光影变化等多个方面进行细节上的处理。上文中的独奏音乐会海报也可以作为本小节的说明案例。



A. 运用颜色进行信息分级

在信息图形的设计中，色彩是具有本质影响力的因素之一，它不仅与我们的感官体验直接相关，还可以在不同的社会背景中传达不同的文化观念。相较图形设计的形

图4-1-29 骆驼侧面剪影轮廓

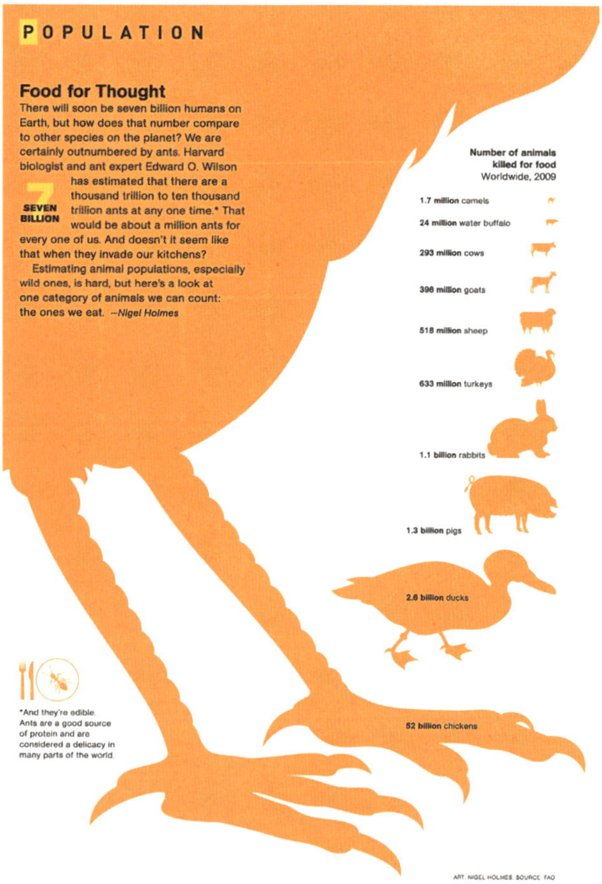
POPULATION
Food for Thought
There will soon be seven billion humans on Earth, but how does that number compare to other species on the planet? We are certainly outnumbered by ants. Harvard biologist and ant expert Edward O. Wilson has estimated that there are a thousand trillion to ten thousand trillion ants at any one time.* That would be about a million ants for every one of us. And doesn't it seem like that when they invade our kitchens?
Estimating animal populations, especially wild ones, is hard, but here's a look at one category of animals we can count: the ones we eat. —Nigel Holmes
7
SEVEN BILLION
Number of animals killed for food
Worldwide, 2009
1.7 million camels
24 million water buffalo
293 million cows
398 million goats
518 million sheep
633 million turkeys
1.1 billion rabbits
1.3 billion pigs
2.6 billion ducks
52 billion chickens
*And they're edible. Ants are a good source of protein and are considered a delicacy in many parts of the world.
ART: NIGEL HOLMES. SOURCE: FAO

图4-1-30　作为食物而被宰杀的动物数量

誠昌飯店
誠昌飯店

图4-1-31　螃蟹俯视剪影轮廓（欧俊轩）

CECIL TAYLOR SOLO
WILLISAU SONNTAG 19. NOV. 17.00 UHR MOHREN

图4-1-32　独奏音乐会海报（Niklaus Troxler）

状而言，尽管色彩必须依附于一定的形状，但它带给人的刺激却更为直接。因此，对于提取出的剪影图形，巧妙地应用颜色不仅可以令图形“异彩纷呈”，还能够进一步促进信息的传达。

首先，通过在色相、明度或纯度上的对比，我们可以非常有效地凸显局部信息，引导观者更加专注于关键细节。如图4-1-33将若干数字的明度进行差异化处理后，我们能够迅速识别出数字群中的“6”。又如图4-1-34使用形状相同但颜色不同的剪影所构成的三个图形，很明显，色彩对比度大的搭配更能够增强熊的可辨识性。

其次，信息图形符号的明度能够用来表达数据信息的层次关系和变化趋势。如针对老年人的信息图形设计案例中，设计师为若干相同的剪影轮廓分配不同的明度值，以反映不同年份特定数据指标的差异。假设需要展示的是不同年份的老龄化情况，那么我们可使用明度较高的颜色表示相对轻度的老龄化，而使用明度较低的颜色表示重度老龄化（图4-1-35、图4-1-36）。

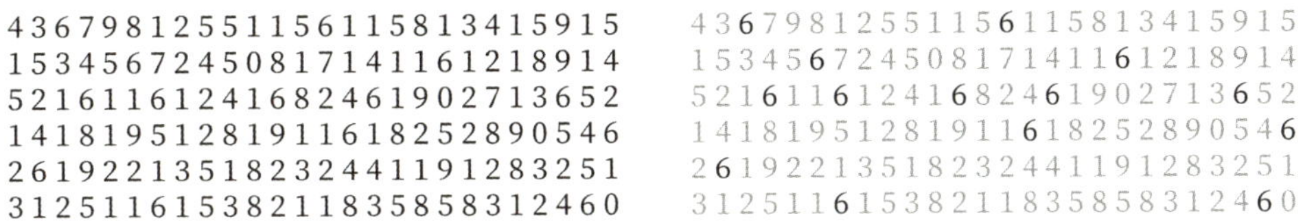


图4-1-33　数字的识别

图4-1-34　熊的识别（Alberto Cairo）

图4-1-35　老年人剪影轮廓——色彩处理

图4-1-36　老年人剪影轮廓——图表应用

再者，信息图形的颜色可以用于辅助信息分类。如图4-1-37展现了从2008年9月到2009年5月内美国接受政府食物援助的人数情况。设计者利用颜色成功地将不同时间段内的数据区分开来，使观者能够直观理解每个月份的食品券使用态势。

另外，如图4-1-38所示，我们还可以通过面的不同颜色来体现信息图形符号所表达对象的空间结构和组成模块，以使之更为立体生动。当然，从某种意义上说，图4-1-39至图4-1-40的精细程度已经超出本节所述的“剪影轮廓”的范畴，但当我们要表达的对象细分到一定程度——不同的垃圾桶、不同的车、不同的狗——那么就必须通过轮廓之外的其他特征来实现区分，其中的尺度把握是一个值得深入推敲的问题。

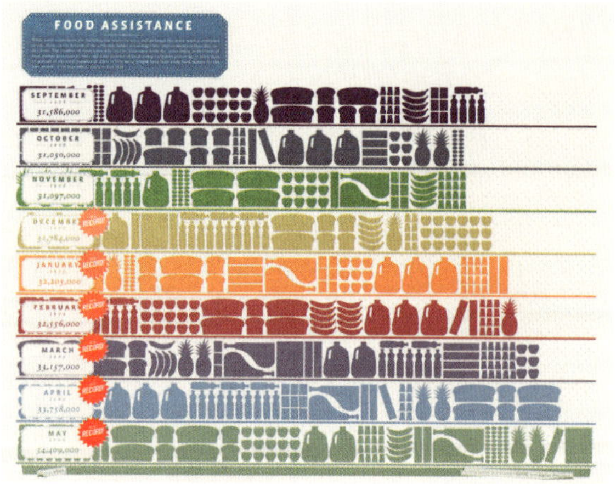


图4-1-37　2008年9月至2009年5月期间美国接受政府食物援助的人数情况（Gavin Potenza）

图4-1-38　垃圾桶图形（张睿帧 绘）

图4-1-39　交通工具图形（余楚航 绘）

图4-1-40　犬类图形（秦一硕 绘）

B. 运用分割体现内部结构

剪影图形通常成面状，整体性强，能够突出体现物体外轮廓的特征。不过使用剪影图形也不必拘泥于仅仅使用外轮廓，有时候适当绘制少量的内部细节更能打动人。尤其是当客观事物的外在形态或内部结构比较复杂时，单纯绘制外轮廓可能难以清晰地表达其关键特征。在这种情况下，我们可以在保持面状外轮廓的基础上，根据事物的结构特征，采用分割的手法将整体划分为多个局部，并在分割得到的若干面中适度引入空间分离，以形成一些微小的间隙线，由此丰富图形的层次感和表现力。如图4-1-41至图4-1-43，通过沿着结构线对面进行分割，设计者清楚地展示了衣服的折叠方式、鼠标的构件特征及车马仪仗等文物的细节。

此外，分割开的局部块面除了通过间隙线加以区分，也可以使用不同的颜色进行表达。这种手法不仅能够使各部分更加清晰可辨，还有助于产生对比关系，丰富明暗层次，以进一步强化图形的空间感。如图4-1-44、图4-1-45所示，鞋子和建筑的结构特征通过黑白与黑红两种不同颜色的对比得以清晰展示。

C. 运用光影增加图形质感

在进行剪影图形的设计时，我们也可以适当引入光影元素来营造一种立体的氛围，以提升作品的视觉感染力。增加光影的方法有很多种，常见的有对称轴亮度对比、同形状投影、结构投影、拟态投影、形态叠加等。

图4-1-41　服装折叠方法（Nigel Holmes）

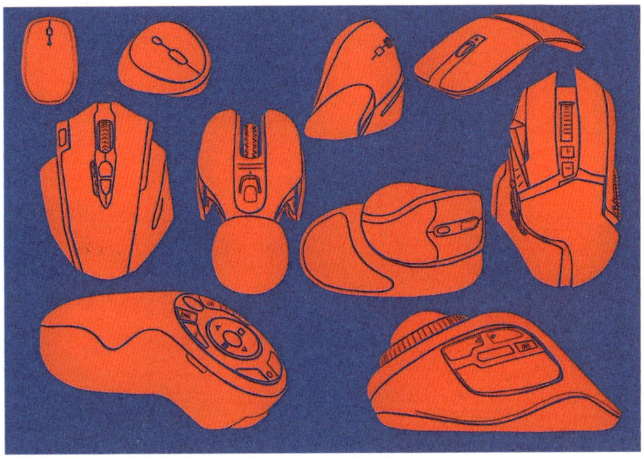

图4-1-42　鼠标剪影图形（杨闪 绘）

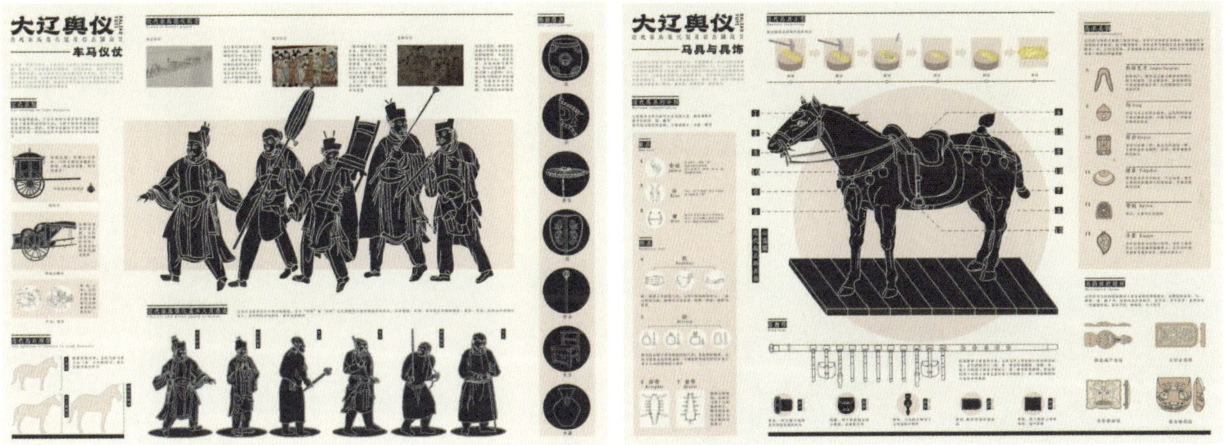


图4-1-43　辽代车马仪仗制度信息图（设计者：侯普恩，指导老师：张萌）

图4-1-44　鞋子剪影图形（陈若妍 绘）

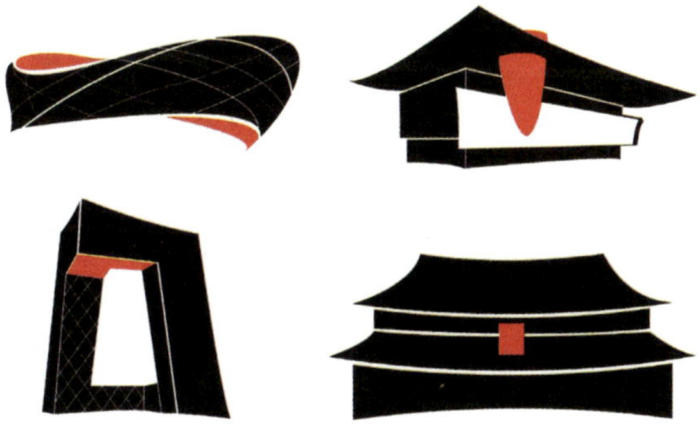

图4-1-45　建筑剪影图形（孙沛然 绘）



a. 对称轴亮度对比

对称轴亮度对比是指沿着垂直或水平对称轴，将剪影图形两侧的色彩明度进行差异化处理，以制造一种单向光的光影变化，令平面的图形呈现出立体的空间感。如图4-1-46中的UI图标以垂直对称轴为界，右侧填充与左侧色彩同色系、低明度的颜色，使得图形形成一定的明暗对比，并产生凸起或凹陷的三维效果。图4-1-47中的山、树和橡木桶等图形也采用了这种方法，不过由于这些图形的外轮廓更贴合实际事物形象，因此产生的空间感会比UI图标更加强烈。

图4-1-46　光影化图形设计——对称轴亮度对比

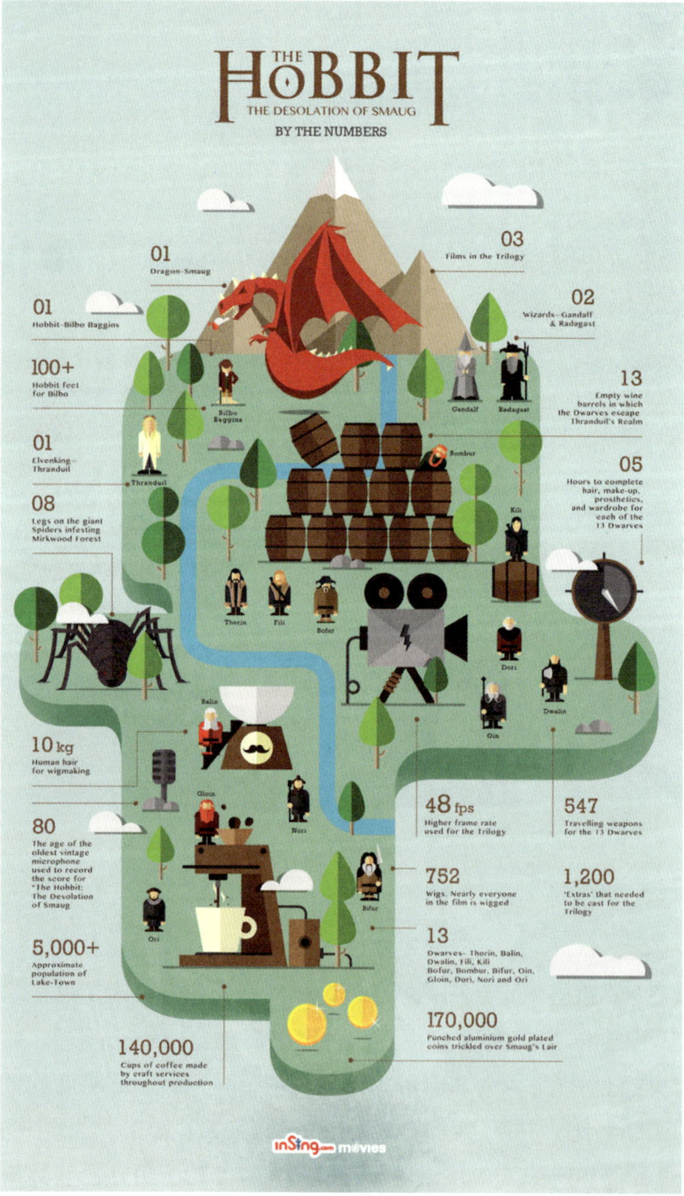
THE HOBBIT
THE DESOLATION OF SMAUG
BY THE NUMBERS
01
Dragon-Smaug
03
Films in the Trilogy
01
Hobbit-Bilbo Baggins
02
Wizards-Gandalf & Radagast
100+
Hobbit feet for Bilbo
13
Empty wine barrels in which the Dwarves escape Thranduil's Realm
01
Elvenking-Thranduil
05
Hours to complete hair, make-up, prosthetics, and wardrobe for each of the 13 Dwarves
08
Legs on the giant Spiders infesting Mirkwood Forest
10 kg
Human hair for wigmaking
48 fps
Higher frame rate used for the Trilogy
547
Travelling weapons for the 13 Dwarves
80
The age of the oldest vintage microphone used to record the score for "The Hobbit: The Desolation of Smaug
752
Wigs. Nearly everyone in the film is wigged
1,200
'Extras' that needed to be cast for the Trilogy
13
Dwarves- Thorin, Balin, Dwalin, Fili, Kili Bofur, Bombur, Bifur, Oin, Gloin, Dori, Nori and Ori
5,000+
Approximate population of Lake-Town
170,000
Punched aluminium gold plated coins trickled over Smaug's Lair
140,000
Cups of coffee made by craft services throughout production
inSing movies

图4-1-47　霍比特人2：史矛革之战（Tuki Toku）

b. 同形状投影

同形状投影是在单一的剪影图形下面增加一个同轮廓形态的深色区域，并对其稍微进行一点位移，以形成短距离投影的效果。由于观者的视觉浏览习惯，一般投影在主体图形的右下45°位置。例如图4-1-48中的UI图标，上层是剪影图形，下层是斜向45°的不同色彩的投影图形（投影具有一定的色彩倾向，可以使用比背景底色明度稍深的同色系颜色）。

c. 结构投影

结构投影是在剪影图形的基础上，确定好光源方向，并根据事物的结构特点添加暗部或投影。通常情况下，我们会选择侧光作为拟定光源，以形成层次分明且具有强烈空间感的画面。这种光影设计方法需要设计者拥有绘画基础或者对形体结构有一定的理解。如图4-1-49通过浅灰色的暗部生动地体现了书页曲面弯折的空间变化。

又如图4-1-50中的古塔，设计者根据结构变化增加了光影带来的亮暗部，使形象更为真实立体。这不仅为观者呈现了一座历史建筑的雄伟之美，更展现出艺术家对于光影艺术的深刻理解。

d. 拟态投影

拟态投影指在平面图形中引入仿物理化的光影效果，令其在视觉上呈现出类似客观世界物体的质感（图4-1-51）。简单来讲，拟态投影就是一种类似浮雕的效果，介于扁平与投影之间，它通过模拟现实光源投射的方式，使得图形底部的阴影出现柔和模糊的明暗对比。这种手法能够营造出一种逼真、现代、轻松、洁净的氛围，被广泛应用于界面设计、图标设计等领域。

拟态投影主要有以下几个特点：其一是根据光源方向，一般左上角是浅色高光，右下角则为深色投影；其二是

图4-1-48 人体器官图形（张文曦 绘）

图4-1-49 书页的结构投影效果

图4-1-50 古塔信息可视化

图形元素的色彩较为单一，且与背景颜色接近，因此画面整体的对比度通常较为柔和（图4-1-52）。

在具体设计时，我们需要注意，由于拟态风格的画面对比度低，因此适合疏松的排版方式，过多的元素可能导致视觉上的混乱，出现“糊掉”的情况。同时为了提高图形的可识别性，可以考虑在其外围增加渐变描边，以增加图形的厚度，从而辅助信息的传递。此外，图形的投影也需要注意，不宜过重，否则会给画面带来“脏乱”的感觉。

e. 形态叠加

形态叠加指两个或两个以上的剪影图形相互叠加，以丰富视觉元素之间的层次关系。这种叠加的形态轮廓可以相同也可以不同，可以是整体也可以是局部。上文所说的同形状投影就是形态叠加的一种特殊方式。很多案例展现了形态叠加在信息图形中的其他应用：如图4-1-53，通过四个大雁塔线图的叠压排列，形象地表达出其历经几个朝代的改建之路。

图4-1-51　三星新拟态风格LOGO

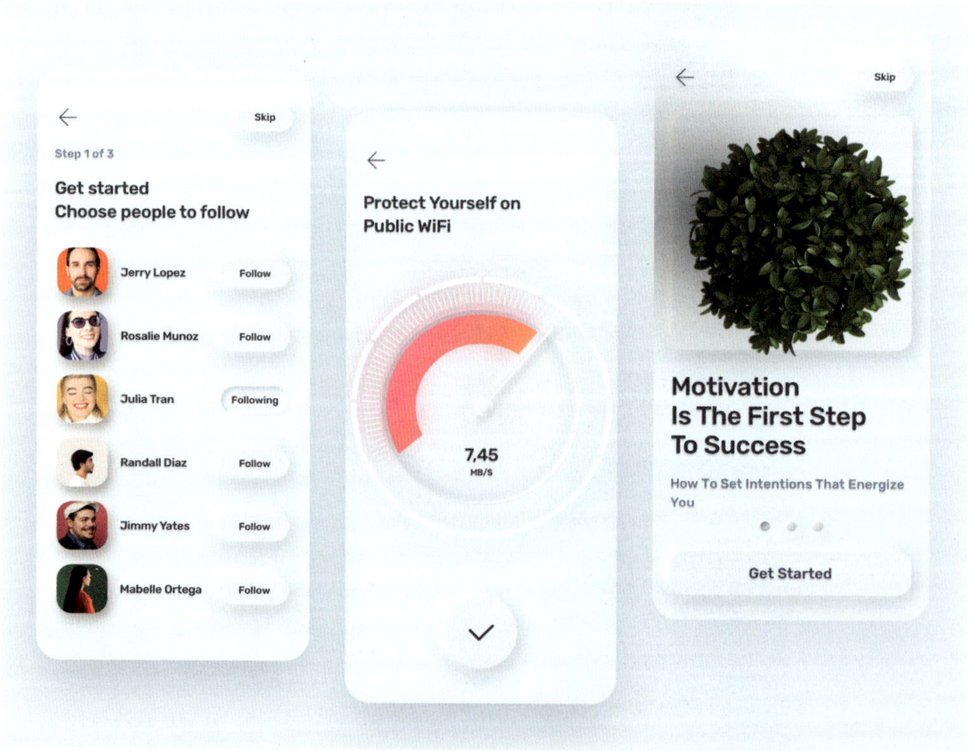


图4-1-52　拟态投影图形

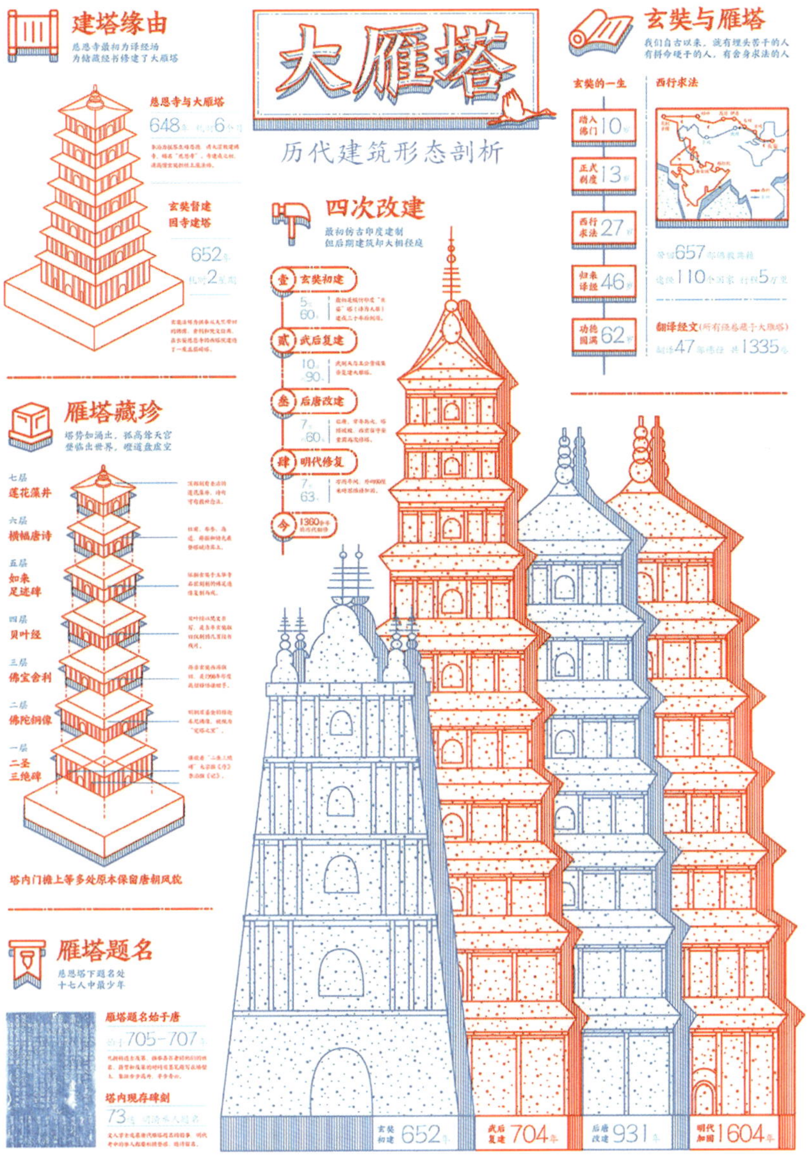


图4-1-53 大雁塔的历代建筑形态剖析（刘沙 彭丹 罗钰勋 汪传丽 程华璐）



## 4.1.3 信息图形设计方法二——结构处理

拓展案例：
《文明互鉴——V&A博物馆的中国文物可视化》

在信息图形设计中，图形结构是一个非常重要的概念。它不像“轮廓面”那样充斥着沉重感，而更类似于人体的骨骼，简洁而紧凑地支撑着整个图形。可以说，图形结构在设计中发挥着提纲挈领的作用，它不仅为图形提供了有力的框架，更凝练着整体形象特征的精华。

### 4.1.3.1 图形结构特征提取

很多艺术家早已开始尝试根据结构特征来对具象事物进行简化和提纯。如荷兰艺术家蒙德里安（Mondrian）在其作品《灰色的树》（图4-1-54）中，全然抹去了树的形象细节，转而运用抽象的线条与冷酷的色彩为主干和枝条赋予了一种蓬勃伸展的生命力；又如西班牙艺术大师毕加索（Picasso）的作品《公牛》（图4-1-55），寥寥几笔便刻画出公牛的体态特征和生动形象。创作者从复杂的形体出发，逐步抛弃光影、

图4-1-54 《灰色的树》(蒙德里安)

图4-1-55 《公牛》(毕加索)



肌肉甚至局部结构的表现，最终达到了形态特征的极致提炼……这些都是对具象事物的再创造方式，也是图形结构特征提取的经典范例。

上述案例启示我们，在根据结构特征进行信息图形创作时，简化形态细节并非单纯地减少视觉元素，而是需要进行设计再创造，并建立新的结构表达，以提供更为有效的示意。该过程要求设计者深刻理解事物的结构特征，然后以创造性的方式提取并表达这些特征。在该过程中，我们可以合理利用点线面等视觉元素加以辅助。如图4-1-56、图4-1-57，设计者利用不同形态、不同空间的线表达了建筑本身的结构韵律与肌理变化。

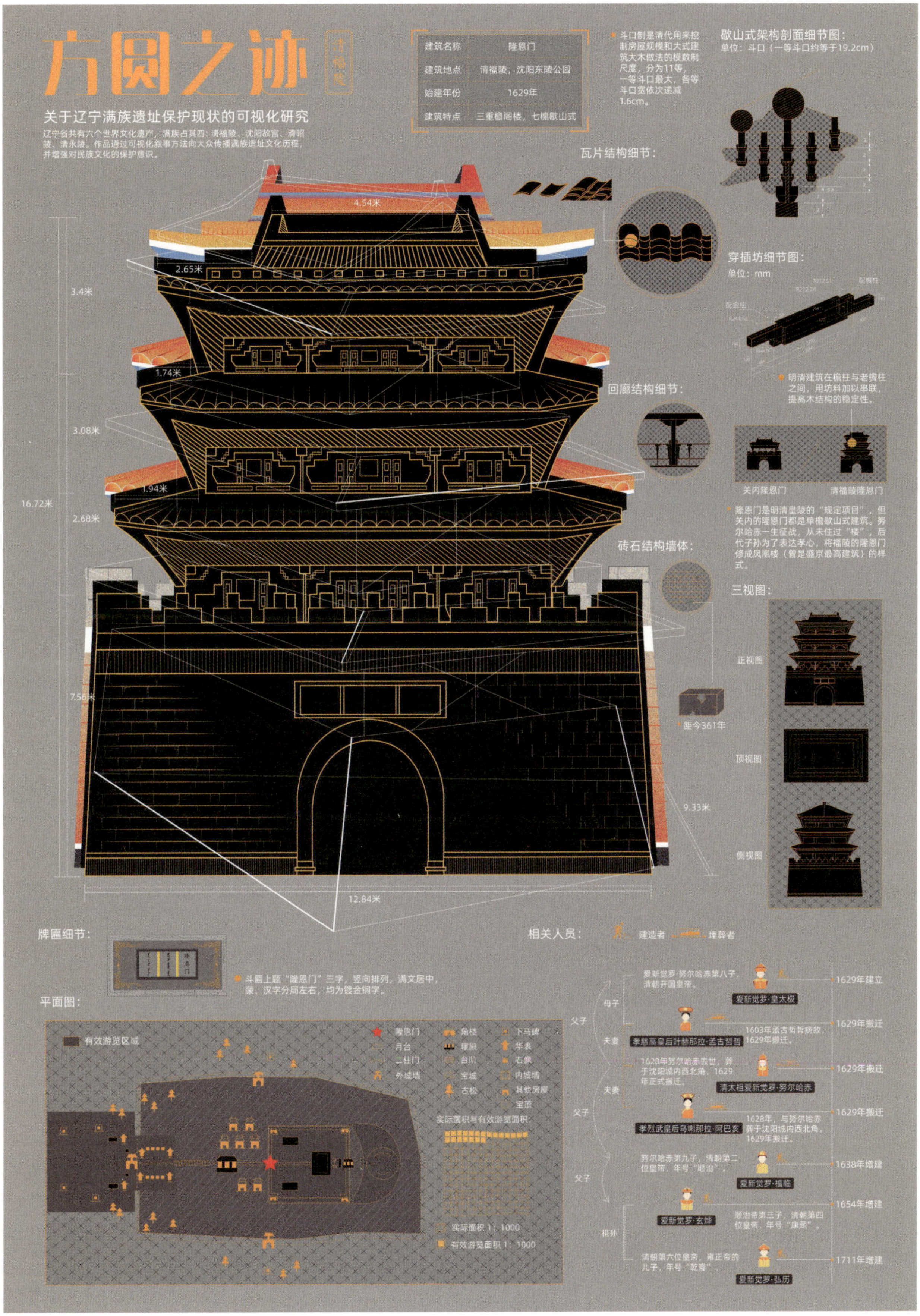


图4-1-56 方圆之迹1（刘璐 王馨荭）

108

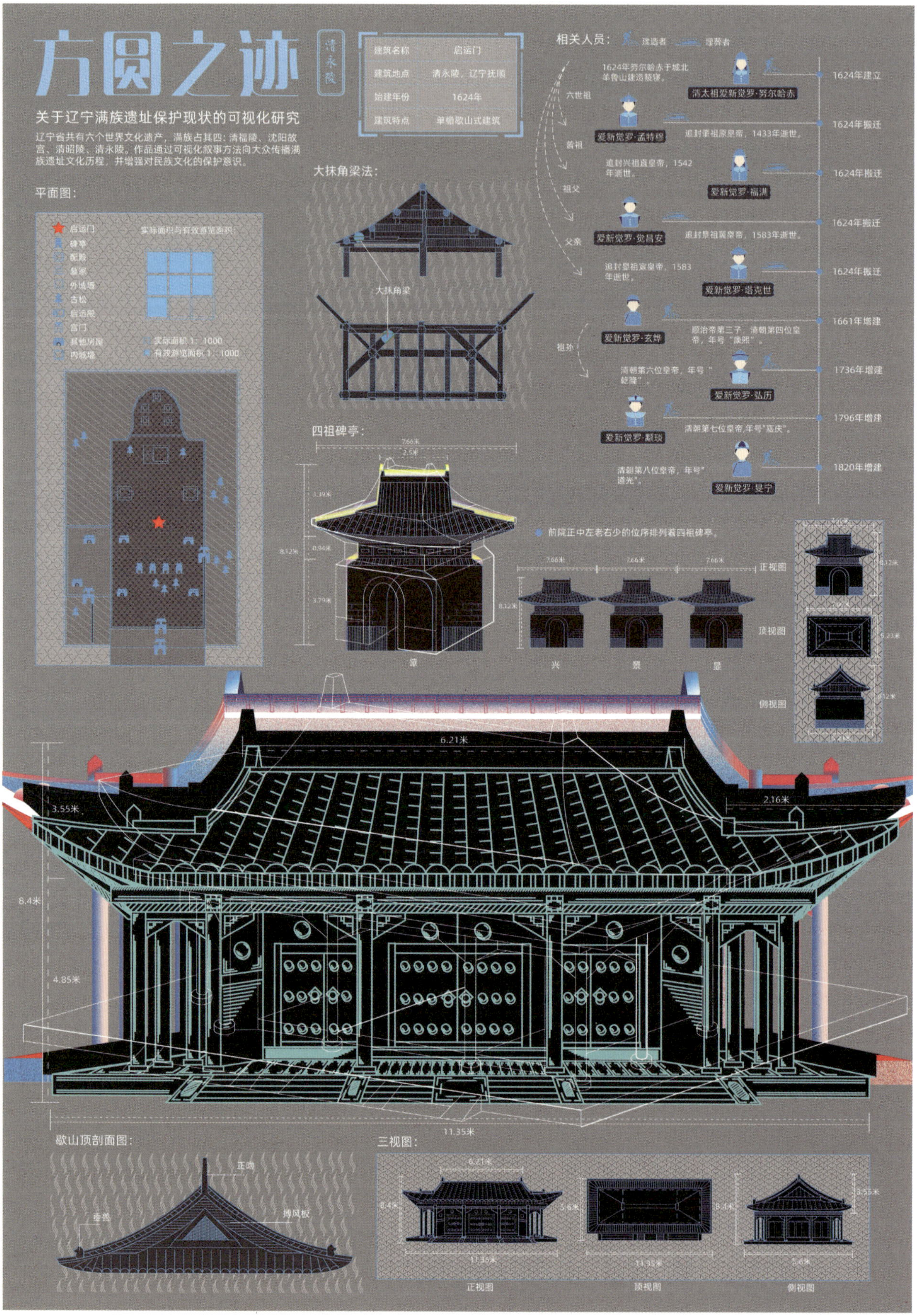


图4-1-57　方圆之迹2（刘璐 王馨荭）

#### 4.1.3.2 图形结构几何转化

在提取出事物的基本结构特征后，我们需要对其进行艺术性的再创造，以设计出兼具实用性与吸引力的信息图形。在该过程中，几何转化作为一种强大的创作手法，不仅有助于简化复杂的事物，还能够突出事物内在的结构秩序，使得整体画面更富艺术感染力。

几何手法在艺术史上有着悠久的传统，从文艺复兴时期的黄金比例构图，到19世纪塞尚强调以几何形状概括事物，再到后来康定斯基、蒙德里安等人直接采用抽象几何符号传达理念、情感……可以看到，几何转化在创作中一直扮演着重要的角色，艺术家们通过此方式过滤了客观事物纷繁复杂的外貌，通过纯粹明快的形式直抵内在精神核心。

那么在信息图形的设计中，具体该如何使用几何转化法呢?

A. 理论介绍

首先，我们需要了解常见的几何形，如点、线、方形、圆形、三角形、多边形等，它们在图形设计中各自具有独特的性质（表4-1-4）。

表4-1-4 不同几何形态的视觉感受

| 几何形态 | 视觉感受 |
| --- | --- |
| 正方形 | 稳定、敦实、安静、权威、严肃 |
| 矩形（长短垂直交接） | 秩序、理性、正式、规矩、匀称 |
| 圆形 | 团结、永恒、融洽、饱满、优美 |
| 三角形 | 坚固、稳定、冲突、紧张、进取 |
| 多边形 | 灵活多变、更具适应性 |

然后，根据设计主题的需要，我们应选择简洁且合适的几何图形对事物的各个部分进行有效概括，这里可以在基础图形之上增加某些细节的调整优化，以更好地契合客观形象。最后巧妙地排列组合这些形状，以生动地构建出整体图形，并展现出独到的创意。

B. 案例说明

猫作为一种生活中常见的动物，深受大家的喜爱。如果要将其形象进行几何化提炼，我们可以遵循以下创作过程。

首先，选择一张适合做设计参考的猫的照片（图4-1-58），仔细观察猫的外形、体态等特点，并分析其身体比例、轮廓线条以及面部特征等。

然后，针对观察到的形态特征，选择合适的几何元素对猫的形象进行概括。在这个过程中要注意精简和抽象，可以去除多余细节以突出主要特征。例如用一个圆形代表猫头、三角形表示耳朵、曲线描绘身体等（图4-1-59）。

不过这样得到的图形在美观、氛围、细节等方面远远不够，因此下一步可以根据实际情况对几何图形进行形态延伸，以赋予图形独特的艺术魅力。如图4-1-60、图4-1-61中多边形的延伸变化过程，设计者针对提炼得到的几何形做了内容、形式、肌理等方面的演变，使得图形更富创意性与层次感。

图4-1-58 动物资料照片

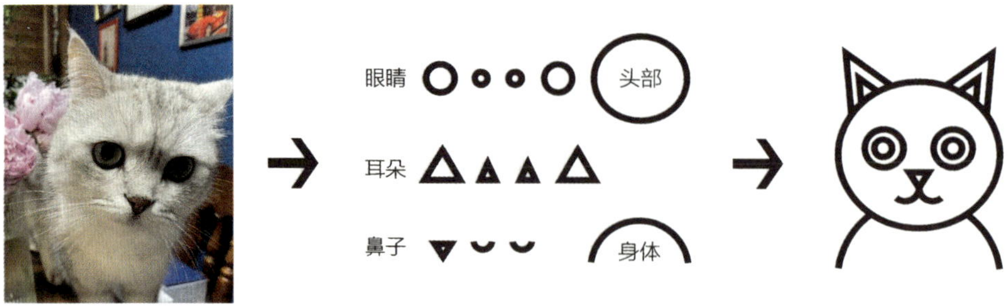


图4-1-59　几何形态提取

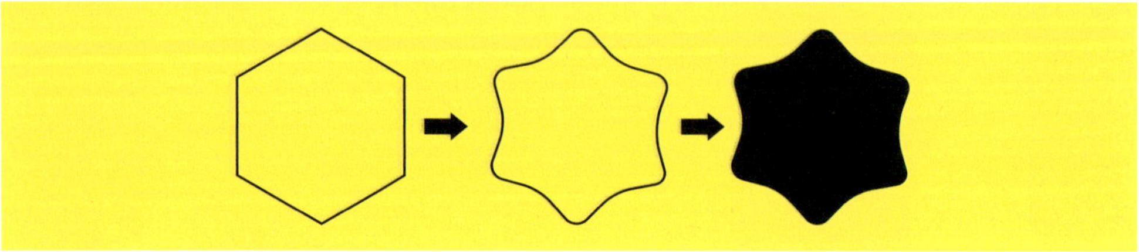

图4-1-60　几何图形造型演变

图4-1-61　几何图形肌理演变

接着，是调整几何形态的大小、色彩、线条、端点等细节，如图4-1-62，设计者通过在线条的拐角与端点位置增加圆角弧度、在形态内部局部上色等方式，为整体图形赋予了亲和力与趣味性。当然，我们还可以丰富背景环境，如添加色块、文字、配图等，来强调图形的氛围。

日常用品、城市建筑等也能够用这样的方法进行几何化设计。如图4-1-63带喷嘴的瓶子，其整体形态较为复杂，因此我们可以按照瓶子的组成结构、比例关系等，利用方形、梯形等基本形态对各个部分进行初步替代。然后通过局部加圆角、直线变曲线等细节变化减少图形的凌厉感。最后便是根据设计美学进一步深化配色、营造氛围。又如图4-1-64至图4-1-68的诸多设计作品，都体现了几何化在图形设计中的运用。



#### 4.1.3.3　图形结构空间建立

由于人类的视觉系统具有一种称为“立体视觉”的能力，因此观察某些二维平面上的图形时，尽管这些图形本身没有深度，但我们仍然能够感知立体空间的存在。在信息图形的设计中，我们可以利用人类固有的这种能力，结合各种视觉技巧和错觉原理，创造出更具视觉效果的作品。

那么如何实现立体感知呢？事实上有多种设计方式可供选择。如人们在看到平面图形时会下意识地对其分层，那么根据图形之间前后遮挡的位置关系便能够产生一定的空间感，如图4-1-69中盘子里互相遮挡的食物与前后放置的酒杯、图4-1-70中伐木锯剪影深浅多层的叠压排放等就体现出了空间的立体维度。此外，光影、透视、运动等手法也会协助观者的视觉系统为大脑提取立体感知。再者，在现代平面设计中，

图4-1-62 图形细节丰富

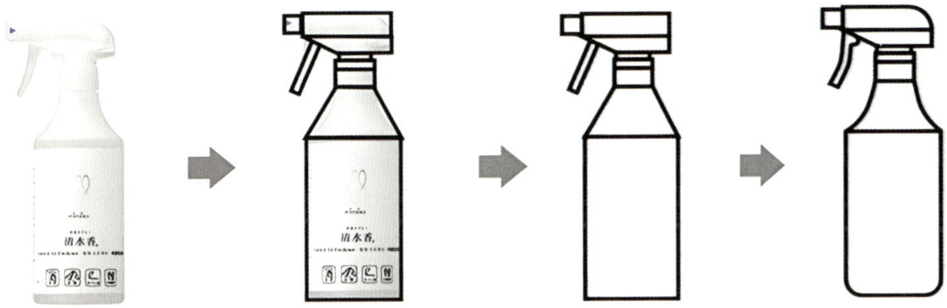

图4-1-63 瓶子的几何化图形提炼过程

图4-1-64 建筑的几何化提炼图形（杨闪 绘）

图4-1-65 风景的几何化提炼图形（商脐予 绘）

图4-1-66　日本舞姬（田中一光）

图4-1-67　第一届富士山展览会（田中一光）

图4-1-68　卡通动物图形（Adrian Johnson ）



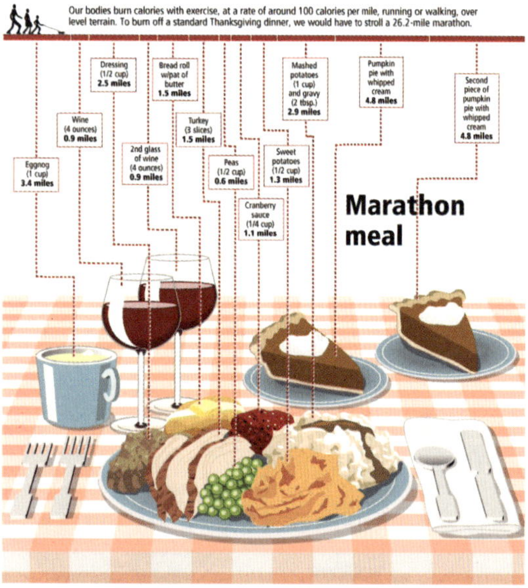


图4-1-69　马拉松大餐（Randy Krum）

图4-1-70 《别让美丽的山林，变成一片镰刀》（李嘉祥）

很多设计师会有意识地运用视觉错视原理来加强画面中的空间纵深层次，有时甚至会利用压缩空间、颠倒透视、变异空间、矛盾空间、混维空间等原理来满足人们对视觉新奇感的追求。

作为一种介于二维和三维之间的图形表现方式，2.5D风格也能够赋予平面图像一定的立体感和纵深感。尽管这种风格并不符合常规的透视逻辑，但它更接近人们本身的视觉习惯，因此近年来非常流行。在使用2.5D风格进行设计时，我们可以把整个图像的水平线和垂直线向30°或60°方向倾斜，使得形体结构出现三个方向的侧面效果，进而增强观者的视觉体验。与此同时，设计者还需注意在空间中加入一些叙事性情节，以赋予图形更多趣味性和表现力。如图4-1-71至图4-1-73都是2.5D风格信息图形的优秀案例。

图4-1-71　巧克力的制作方法（张圣焕）

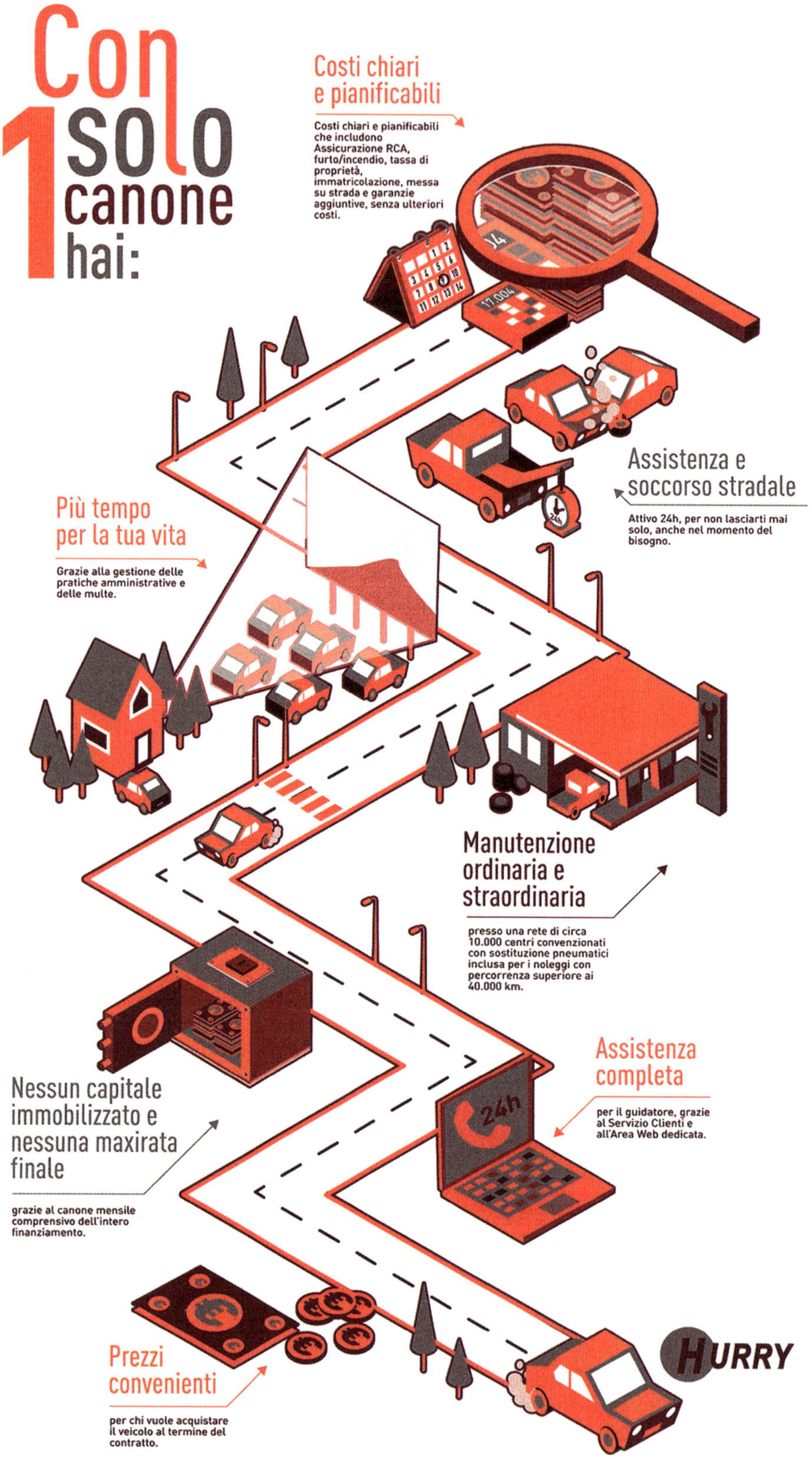

Con 1 solo canone hai:
Costi chiari e pianificabili
Costi chiari e pianificabili che includono Assicurazione RCA, furto/incendio, tassa di proprietà, immatricolazione, messa su strada e garanzie aggiuntive, senza ulteriori costi.
Assistenza e soccorso stradale
Attivo 24h, per non lasciarti mai solo, anche nel momento del bisogno.
Più tempo per la tua vita
Grazie alla gestione delle pratiche amministrative e delle multe.
Manutenzione ordinaria e straordinaria
presso una rete di circa 10.000 centri convenzionati con sostituzione pneumatici inclusa per i noleggi con percorrenza superiore ai 40.000 km.
Nessun capitale immobilizzato e nessuna maxirata finale
grazie al canone mensile comprensivo dell'intero finanziamento.
Assistenza completa
per il guidatore, grazie al Servizio Clienti e all'Area Web dedicata.
24h
Prezzi convenienti
per chi vuole acquistare il veicolo al termine del contratto.
HURRY

图4-1-72　电子商务委托信息图（Tommaso Andreaux）

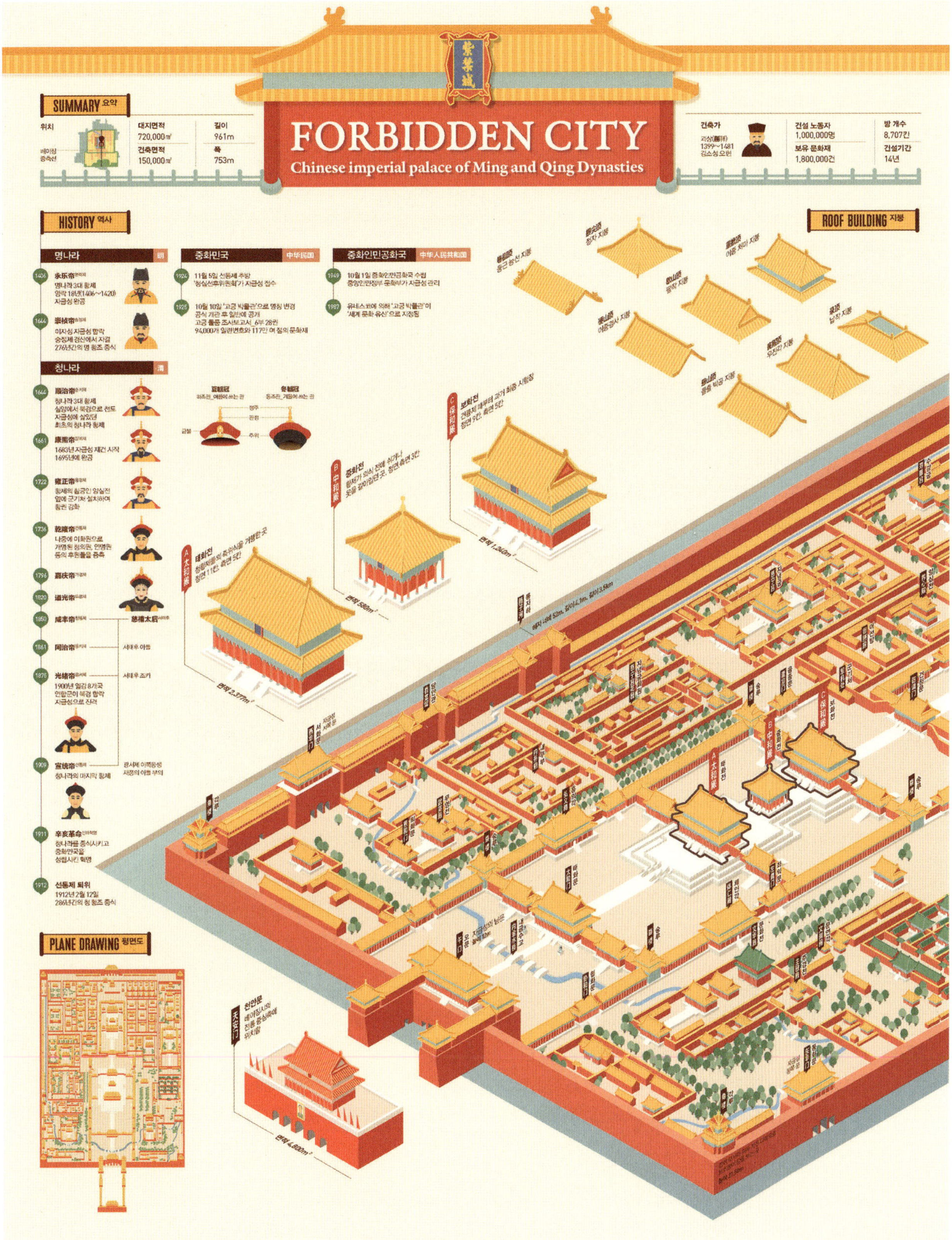


图4-1-73　中国故宫历史信息可视化（张圣焕）

# 4.2 信息图形设计的流程

## 4.2.1 设计流程概述

信息图形设计受心理学、统计学、社会学等交叉学科理论的影响，在表现上越来越注重海量信息科学表述与视觉效果艺术呈现的有机统一。久而久之，其种类愈加繁多庞杂、形式愈加千变万化，设计流程也相应地越来越要求详细周到。在这里，我们整理出了一个合乎逻辑且易于理解的思路，以便大家后续应用，流程大致可以分为以下六个步骤。前文已经阐述图形与图表的概念，为了更精准地表述，后文使用信息图表一词进行设计流程的介绍。

步骤一：主题选择

信息图表设计的第一步是主题选择。在这一阶段，设计师需要在确定核心信息和目标受众的前提下，根据调研结果选择一个准确而富有吸引力的主题。当然，在很多时候，主题可能是已经给定的。

步骤二：资料收集

在确定主题后，设计师需要广泛、深入地收集与主题相关的资料，如统计数据、研究报告、案例分析、图片影像等，为后续的设计步骤提供足够的素材支持。实际上，是否能够获取足够丰富的资料，是我们评价选题（可行性）的一个重要指标——实际执行中很可能因为无法获取足够的资料而更换选题。

步骤三：视角选择

完成选题确定和资料收集后，就要思考从哪个角度来阐释和表达选定的主题，确定如何分析和使用收到的资料。这需要考虑目标受众的生活背景、专业知识和信息获取偏好等。相对于可以跟随热点的选题工作，设计视角的选择往往更能体现出设计师的素养和巧思。

步骤四：层次构建

视角选定之后，设计师需要将信息和数据按照层次结构进行组织和构建，确保其清晰有序，并能够有效传达主题。这里可以使用标题、标签、图例等方式来界定信息的重要程度和相互关系。



步骤五：视觉设计

在组织好信息架构之后，设计师便可以正式开始进行信息图表设计，他们首先需要规划一个合适的版面布局，其次是选择图表的主体视觉元素，随后确定适当的配色方案、字体和图标等内容，保证信息图表的美观性和可读性。

步骤六：细节优化

在这个阶段，设计师需要审查整个信息图表，并进行必要的修正和改进，如调整图形元素的位置和大小、修改文本内容和格式等，以确保最终呈现的画面完善、准确，符合展示传播的要求，并满足目标用户的期待。

尽管在实际设计中，我们可能无法严格按照上述步骤进行操作，但这个流程仍然提供了一个有价值的参考。下面我们将基于相关作品来细致地展现一个信息图表从主题选择到设计完成的整个过程。

### 4.2.2 案例一——《诗经》色彩可视化①

拓展案例：
《古月轩——乾隆时期画珐琅色彩可视化》

#### 4.2.2.1 主题选择

《诗经》是中国最早的一部诗歌总集，具有极其丰富的人文、历史和文学价值。学术界对于《诗经》的研究主要集中于诗歌的文学艺术价值、教化训诫意义、流派题材分析等方面，而色彩作为《诗经》表情达意的重要手段以及审美思想的侧面反映，却鲜有系统化的研究成果。

该课题以色彩作为切入点，旨在通过信息图形的设计，向年轻一代传达关于《诗经》色彩文化的知识科普，帮助他们感受《诗经》中的色彩与诗歌之美，了解当时的自然风光、人文风貌与美学态度。

#### 4.2.2.2 资料收集

A.《诗经》原作

首先从《诗经》中提取与色彩相关的词汇及所在篇章语句。《诗经》涉及的色彩种类繁多，且同一类颜色由于描述的对象不同，词汇的选择也有所不同，因此需要结合所在篇章语句的含义来提取所有描写颜色的词汇。之后结合《说文解字》《中国传统色色卡》《二十四节气色卡》等相关文献，整理其对应的色彩值和含义。

B. 拓展文献

由于《诗经》中多有对先秦时代人物、服饰、自然风景等的描述，因此在前期资料收集阶段，需要大量阅读文献资料和相关书籍，充分研究《诗经》蕴含的历史文化，包括中国传统色彩、先秦时代的社会历史背景等。这个研究过程也是对信息的充实，让可视化设计的对象不再局限于词汇，而是面向一本书籍、一段历史。

#### 4.2.2.3 视角选择

《诗经》中对色彩的描绘为我们展现了一个五彩斑斓的美妙世界，但由于当时并没有统一的形容色彩的词汇，人们对于色彩的描述都是想象且概括的，加之描述的对象不同，称谓也就产生了差异。例如同是黑色，在描写贵族服饰的颜色时是“玄衮赤舄，钩膺镂钖”的“玄”，而指马的颜色时则是“四骊济济，垂辔沵沵”的“骊”。纵观《诗经》全篇，我们发现古人们常常用目之所及的事物代表颜色，如草、木、丝织品、动物、衣服、器具等，他们在意的不是色彩本身的准确，而是对所描述内容的充分展现。因此我们按照描写对象类别的不同，将这些描述颜色的词汇分为人物容颜、服饰器物、自然风貌三类，并以此展开对《诗经》色彩的可视化呈现。

#### 4.2.2.4 数据处理

在完成基础准备后，我们需要根据所选择的视角，将文字信息按照不同维度进行整理，之后再根据作品中各个可视化图表需要的内容，将信息整理成多个数据表，便于后续设计使用。

A. 解构数据维度

经过初步文本分析，将《诗经》中描述色彩的词汇数据维度确定为以下八类（表4-2-1）。

① 该课题由吕卓尔、靳雨蒙、顾文祥团队合作完成，指导老师盛卿。

表4-2-1　色彩数据维度解构

| 数据维度 | 数据示例 |
|---|---|
| 色系 | 赤、黄、青、白、黑 |
| 词汇 | 赪、赫、彤、炜、丹、赤、赩、朱、赭、骍、素、缟、白、皙、皎、皦、瑳、翯、皓、黄、皇、芸、绿、綦、青、苍、葱、蓝、玄、黑、缁、骊、幽、乌、漆、黎、鬒 |
| 颜色值 | 例：R237 G81 B38 |
| 词频 | 例：9 |
| 诗句 | 例：公徒三万，贝胄朱綅（qīn） |
| 诗篇 | 周南、卫风、小雅、鲁颂……共177篇带颜色的诗歌 |
| 描写对象类别 | 人物容颜、服饰器物、自然风貌 |
| 情绪 | 喜、怒、哀、乐、爱、恶、中性 |

B. 数据表格整理

在之前工作的基础上，进一步整理出六个数据表格（表4-2-2至表4-2-7），用于后续的可视化输出。

表4-2-2　颜色词汇出现顺序表（部分）

| 篇章名 | 小节名 | 诗篇名 | 颜色词 | 所属色系 | 色彩值 | 诗句 |
|---|---|---|---|---|---|---|
| 风 | 周南 | 汝坟 | 赪 | 赤 | R239 G109 B70 | 鲂鱼赪尾，王室如毁 |
| | 邶风 | 绿衣 | 绿 | 青 | R105 G142 B106 | 绿兮衣兮，绿衣黄里 |
| 雅 | 小雅 | 白驹 | 白 | 白 | R240 G240 B240 | 皎皎白驹，食我场苗 |
| 颂 | 鲁颂 | 駉 | 骊 | 黑 | R18 G38 B79 | 有驈（yù）有皇，有骊有黄 |

表4-2-3　颜色词汇出现频率表（部分）

| 所属色系 | 颜色词 | 色彩值 | 词频 | 含义 | 诗句 | 诗篇名 |
|---|---|---|---|---|---|---|
| 赤 | 赪 | R239 G109 B70 | 1 | 《说文·赤部》："赪，赤色也。"《尔雅·释器》："再染谓之赪。"郭璞注："赪，浅赤。" | 鲂鱼赪尾，王室如毁 | 《周南·汝坟》 |
| 黄 | 黄 | R211 G166 B105 | 38 | 大地色。《说文解字》解释："黄，地之色也。"《周易》："天玄而地黄。" | 何草不黄？何日不行？ | 《小雅·何草不黄》 |
| 青 | 绿 | R105 G142 B106 | 10 | 青黄色。本义为井水绿色的丝织品，《说文解字》有"绿，帛青黄色也"，后主要用作色彩义。 | 绿兮衣兮，绿衣黄里 | 《邶风·绿衣》 |
| 白 | 白 | R240 G240 B240 | 23 | 白米粒，借米粒之白表示白这个色彩，《诗经》中米粒义项消失，色白义保留。 | 皎皎白驹，食我场苗 | 《小雅·白驹》 |
| 黑 | 骊 | R18 G38 B79 | 4 | 马黑色。《说文解字》："骊，马深黑色"本指黑色的马，后引申为黑色。 | 有驈有皇，有骊有黄 | 《鲁颂·駉》 |

表4-2-4 色彩词与自然风貌（部分）

| 色系 | 颜色词 | 词频 | 诗句 | 描写对象 | 细分类别 | 出现次数≥3的词 | 描写对象说明 |
|---|---|---|---|---|---|---|---|
| 赤 | 骍 | 6 | 从以骍牡，享于祖考 | 自然风貌 | 动物 | 骍（赤色公牛） | 骍（赤色公牛） |
| 黄 | 黄 | 38 | 裳裳者华，芸其黄矣 | 自然风貌 | 植物 | 黄（黄花） | 黄：黄色的花 |
| 青 | 苍 | 13 | 悠悠苍天，曷其有所 | 自然风貌 | 山水气象 | 苍（苍天） | 苍天：指天（古代人常以苍天为主宰人生的神） |

表4-2-5 色彩词与人物容貌（部分）

| 类别 | 色系 | 词汇 | 本义 | 喻义 | 诗句 | 诗篇名 |
|---|---|---|---|---|---|---|
| 直接色彩词 | 红色3 | 丹 | 丹砂红 | 渥丹：指脸色红润 | 颜如渥丹，其君也哉 | 《秦风·终南》 |
| 间接色彩词 | 红、白 | 舜 | 木槿之花 | 女子色美而雅 | 有女同车，颜如舜华。有女同行，颜如舜英。 | 《郑风·有女同车》 |

表4-2-6 色彩词与服饰器物（部分）

| 色系 | 颜色词 | 词频 | 诗句 | 描写对象 | 服饰形制 | 具体分类 | 描写对象说明 |
|---|---|---|---|---|---|---|---|
| 赤 | 赤 | 7 | 赤芾金舄，会同有绎 | 服饰器物 | 体衣 | 下衣 | 赤芾：红色的蔽膝 |
| 白 | 素 | 12 | 素丝纰之，良马四之 | 服饰器物 | 器物 |  | 素丝：白色丝线 |
| 青 | 葱 | 1 | 有玱葱珩 | 服饰器物 | 配饰 | 佩玉 | 葱珩：绿色佩玉 |

表4-2-7 诗经情绪分类（部分）

| 色系 | 颜色词 | 诗句 | 诗篇名 | 诗主题 | 情绪 |
|---|---|---|---|---|---|
| 赤 | 赤 | 赤芾金舄，会同有绎 | 《小雅·车攻》 | 田猎诗 | 喜 |
| 白 | 素 | 素丝纰之，良马四之 | 《鄘风·干旄》 | 隐逸诗 | 喜 |
| 黄 | 黄 | 交交黄鸟，止于棘 | 《秦风·黄鸟》 | 怨刺诗 | 怒 |



#### 4.2.2.5 方案设计

A. 概念设计

本课题以“绘诗色”为叙事主题，将色彩信息先分为人物容貌、服饰器物和自然风貌三类，再进一步分为绘制人物与绘制背景两个子主题，并通过抽象图表与具象图解相结合的形式展现在可交互的网页中。用户可以在该网页上主动选择色彩，绘制出《诗经》中相关的人物容貌、服饰装束以及自然图景等。通过这一互动过程，用户能够沉浸在《诗经》的文化情境中，饱览先秦时代多姿多彩的自然与人文风光。

B. 主体构建

信息架构是对色彩信息叙述逻辑和交互逻辑的梳理。该互动网页的叙事结构采用超文本叙事中的树状结构，不按时间顺序描述事件而是让用户通过链接、跳转等方式主动探索色彩数据。叙述模式采用作者与读者双驱动，由预设的中心叙事线索“绘《诗经》色彩图景”铺陈展开，开头以作者驱动模式切入，依循《诗经》全文阅读顺序，为读者一一展示其中的颜色词，再将其汇总成一张展示《诗经》色彩全貌的信息图表；主体部分是以读者驱动模式来进行色彩图景的绘制，为人物与背景选择自己喜爱的色彩；结尾部分，读者为画配上诗句和印章，最终呈现一幅由读者“绘制”的色彩图景作品。

核心页面的布局主要包括模块切换区、色彩数据展示与交互区、色彩图景显示区。模块切换区使用户可自由切换各个小主题，色彩数据展示与交互区是每个模块对应的色彩抽象图表，色彩图景显示区会呈现用户所选颜色内容的具象化视觉图形（图4-2-1）。

C．选定信息图形类型

本课题中的信息图形包括具象图形、抽象图表两部分。由于《诗经》中的色彩源于自然和生活，在诗句中多以色彩词和具体事物构成词组，或以描写事物来表示颜色的情况出现，因此非常适合具象化。我们从色彩词或词组出发，提取其中的色彩因子与形态因子，结合色彩释义进行视觉化，构成图景的组件库。而抽象化图表又可进一步分为三类。

其一是基于基础色彩数据进行的时序类图表设计（图4-2-2）。基础数据按照色彩词在《诗经》各篇章中出现的顺序进行排列，为了模拟读者从前往后翻阅书籍的行为，以类似时间轴的形式呈现诗句与色彩，帮助读者初步了解《诗经》中的色彩词汇概况。

其二是针对整体色彩数据进行的关系类图表设计（图4-2-3）。为了呈现色彩数据大体情况，以树图的形式将各个维度的信息串联起来，帮助读者建立对诗经色彩总体的认知，包括五大色系具体包含的色彩词、色彩词的数量和颜色、色系与三类描写对象之间的联系等。

其三是针对分块色彩数据进行的关系类图表设计（图4-2-4）。为了对人物容颜、服饰器物、自然风貌和情感四个分块色彩的数据进行详细的呈现，采用桑基图来展示数据的流向，包括每个色系包含的色系与数量占比，每个色系包含的色彩词与细分类别的对应关系。以服饰器物为例，图表需要展现与服饰器物相关的色彩词，包括色彩词归属的色系、色彩词的出现次数、与该色彩词有关联的服饰细分类别及对应的数量。

D．信息图表作品的整体呈现（图4-2-5）

图4-2-1 《绘诗色》核心页面

图4-2-2　基础色彩数据的时序类图表设计

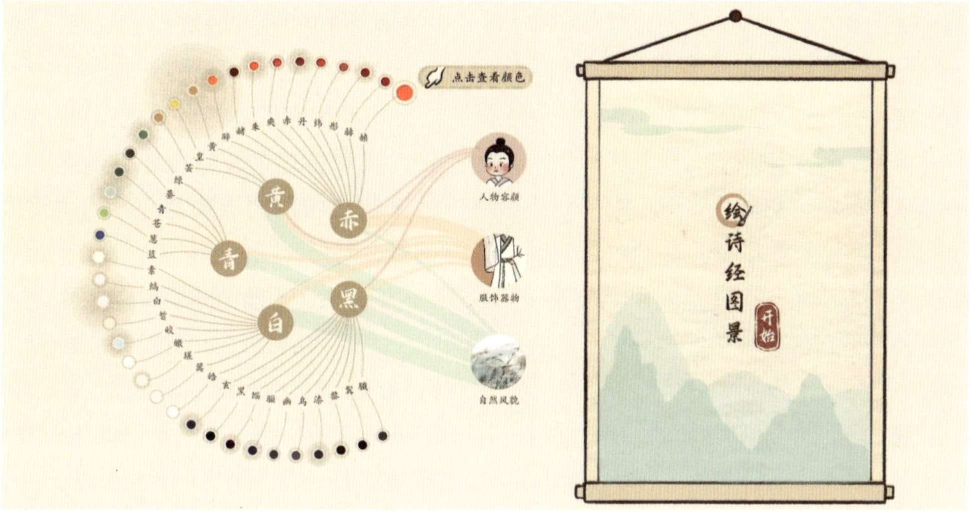


图4-2-3　整体色彩数据的关系类图表设计

图4-2-4　分块色彩数据的关系类图表设计

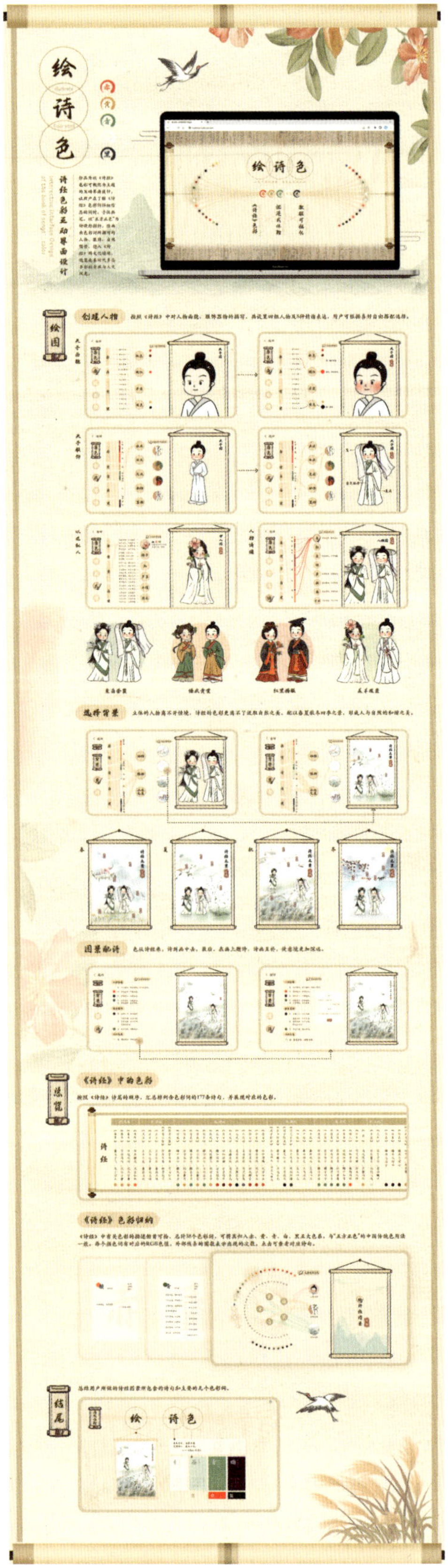

图4-2-5 “绘诗色”信息可视化海报展示

### 4.2.3 案例二——中国古代四大乐器认知可视化①

#### 4.2.3.1 主题选择

中华民族乐器文化是我国优秀传统文化中的重要组成部分。近年来，随着国潮国风的兴起，民众的民族认同感与文化自信日渐增强。然而在青少年群体中，由于流行乐的主导地位，大部分人对传统器乐的认知程度依然较低。因此，找到一种趣味化且吸引人的方式来帮助年轻人接触和了解传统器乐文化变得至关重要。

该作品以中国古代四大乐器为例，从乐曲、乐器、诗词、绘画、文学等多维数据入手，在探寻乐器发展历史沉浮的同时，挖掘与乐器认知相关的文化与音色特征，将其转化为可视化设计必备的“形”与“色”，展开信息图形设计。

#### 4.2.3.2 资料收集

A. 关于乐器发展的文本资料

每种民族乐器都有独特的特征和演奏方式，对其发展历史、演奏技巧、音色特征等维度的调研分析有助于更深入地了解该乐器的认知特征，明确需要传播发扬的文化认知信息。

B. 关于乐器色彩的实验数据

为了得到各种乐器的对应色彩，课题以内隐联想测验（Implicit Association Test，IAT）为依据进行了音色与色彩的映射实验。整个实验流程如下：先通过控制变量为每个乐器筛选出三段音频材料，然后建立符合人眼视觉属性的选色材料（图4-2-6）。做好前期准备后，在特定的场景下随机接连播放同一乐器的所有音频，每次播放一段音频，实验者进行一次选色，听完某个乐器的所有音频后，实验者再进行一次对该乐器的综合认知选色。正式实验结束后进行一对一访谈，以进一步挖掘选色的深层原因，最后整理实验结果。

C. 关于乐器形态的图文资料

为寻找适合各乐器的可视化设计形态，从大量乐曲、诗词、书画、文创中探索乐器所对应的场景、意象和已有视觉元素，通过筛选构建起可供选择的视觉变量集。也就是说，一方面从文学作品如诗词、著作中感知情感与象征，以获得关于乐器的抽象和具象意象；另一方面从艺术作品如文创、画作中观察造型与纹理，以提取可用的视觉元素（图4-2-7、图4-2-8）。

① 该课题由李嘉蓉、陈宇菲、崔敏、魏张宏团队合作完成，指导老师盛卿。

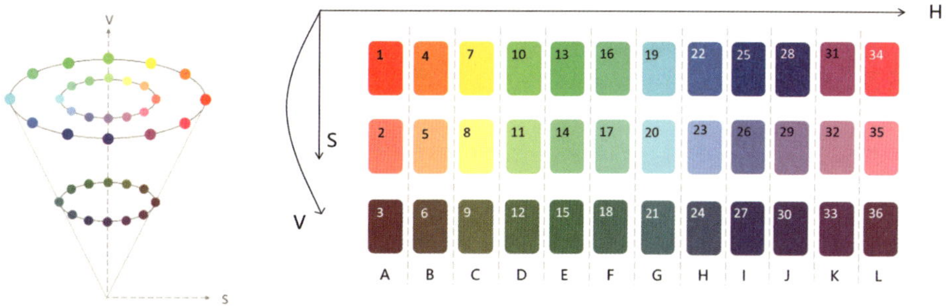


图4-2-6 视觉选色材料

**李白-《听蜀僧濬弹琴》**

蜀僧抱绿绮，西下峨眉峰。
为我一挥手，如听万壑松。
客心洗流水，馀响入霜钟。
不觉碧山暮，秋云暗几重。

**李益-《春夜闻笛》**

寒山吹笛唤春归，
迁客相看泪满衣。
洞庭一夜无穷雁，
不待天明尽北飞。

**杜甫-《月夜忆舍弟》**

戍鼓断人行，边秋一雁声。
露从今夜白，月是故乡明。
有弟皆分散，无家问死生。
寄书长不达，况乃未休兵。

**黄庭坚-《送伯氏入都》**

知音者谁子，倦客无光辉。
王侯不可谒，秣马兴言归。
岂无他人游，不如我埙篪。
陈书北窗下，此自有余师。

**王昌龄-《琴》**

孤桐秘虚鸣，朴素传幽真。
仿佛弦指外，遂见初古人。
意远风雪苦，时来江山春。
高宴未终曲，谁能辨经纶。

**陆游-《吹笛》**

吴江楚泽闲游遍，
未豁平生万里心。
醉里独携苍玉笋，
岳阳楼上作龙吟。

**李郢-《画鼓》**

尝闻画鼓动欢情，
及送离人恨鼓声。
两杖一挥行缆解，
暮天空使别魂惊。

**程大昌-《临江仙》**

遥认埙篪相应，
为传珠贯累累。
紫荆同本但殊枝。
直须投老日，常似有亲时。

图4-2-7 文学作品收集

图4-2-8 艺术作品收集

### 4.2.3.3 视角选择

近年来，随着音乐可视化技术的快速发展，传统音乐可视化的相关研究数量显著提升。不过目前国内外的相关作品基本都是从乐曲美学欣赏或意境共情的角度出发进行设计，虽然具有极强的欣赏价值，引发大众对传统音乐的兴趣，但却并未真正重视乐器本身各项特征的认知问题。

该课题希望能在适应传统音乐文化与可视化结合的研究趋势时，从乐器认知角度展开中华民族传统器乐及乐音的可视化设计研究，让不熟悉中华民族器乐的听众可以通过音乐可视化的感知过程，增强对乐器外观、音色等的认知，从而达到传统器乐文化保护和传播的目的。

#### 4.2.3.4 数据处理

A. 乐器发展

该课题采用山形为基本构成物，对乐器的兴衰变化进行了可视化表现（图4-2-9）。大堂鼓音色浑厚，因而以圆形山头表示；埙音悠长，有“哀乐”之称，常见乐曲以低音为主，由此以较为平缓的矮山表示；古琴的常见意象中包含山脉、瀑布，因而用瀑布常出现的断崖山形来表示古琴；竹笛音色清脆，故用尖锐的山峰表示。

B. 色彩实验

基于音色与色彩映射实验中得到的实验数据，进行连续两步的可视化整理（图4-2-10）。第一步是将收集到的选色结果存储于Excel中，并通过前后端分离的方式，借助Vue3与Django框架等构建起关于色相、明度和纯度的柱状图。

第二步则以更直观的色环方式对每个乐器所对应的颜色特征及分布比例进行了生动呈现（图4-2-11）。该色环为HSV（色相、饱和度、明度）的俯视图，从左至右依次对应着大堂鼓、竹笛、古琴、陶埙。其中散点的分布密度，代表该乐器对应匹配色分布在该色彩空间中的集中程度。

C. 形态探索

通过大量的资料查阅，在得到与乐器相关的场景、意象以及视觉元素后，将这些视觉变量做了表格汇总，以清晰地呈现各乐器的形态变量集合（图4-2-12）。

#### 4.2.3.5 方案设计

A. 概念设计

该课题以“正声今寻”为叙事主题，首先明确“乐”因“器”而存在，“器”被“乐”赋予生命，对于器乐认知的设计需要从乐器认知的角度展开这一观点；接着借助一定的技术手段将传统音乐与信息图形相结合，在视觉和听觉上赋予观者全新的感受。整体可视化作品基于调研所得的色彩与形态数据，从基本造型、内在意象、音色特征等多个角度为切入点进行平面设计与三维设计两种视觉表现形式，二者分别侧重表现乐

图4-2-9 乐史沉浮

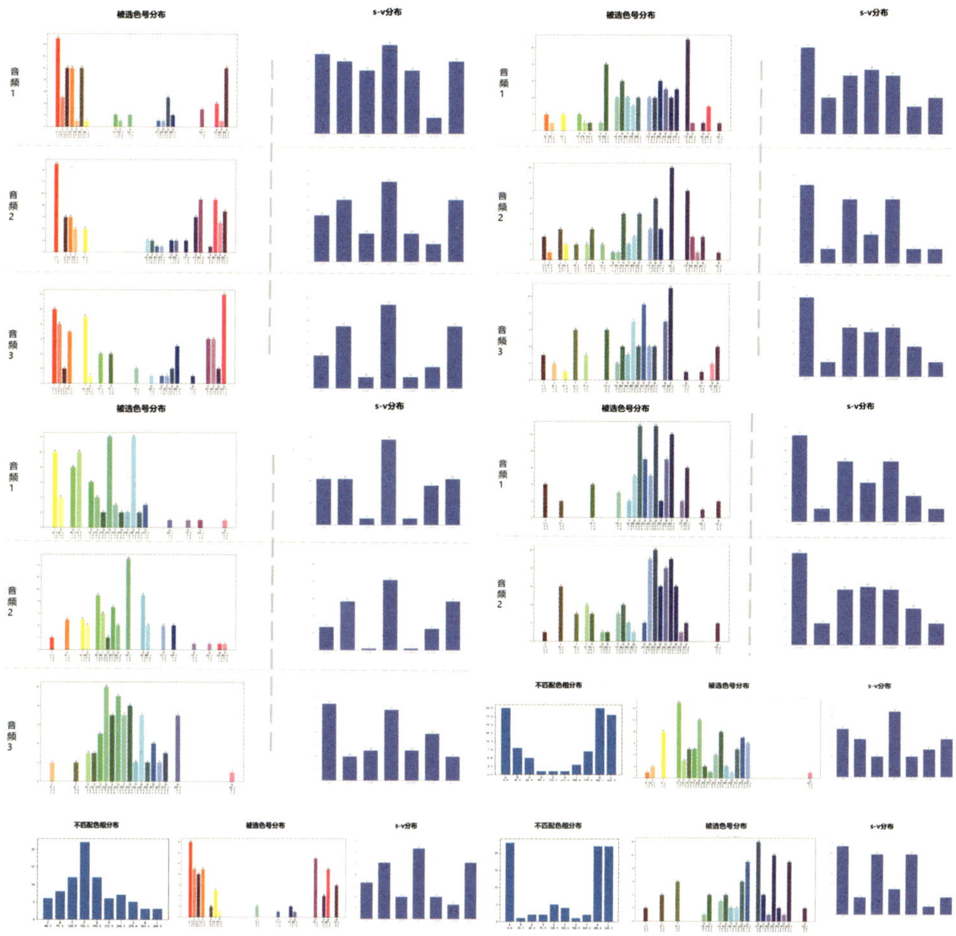


图4-2-10 乐器对应色彩柱状图

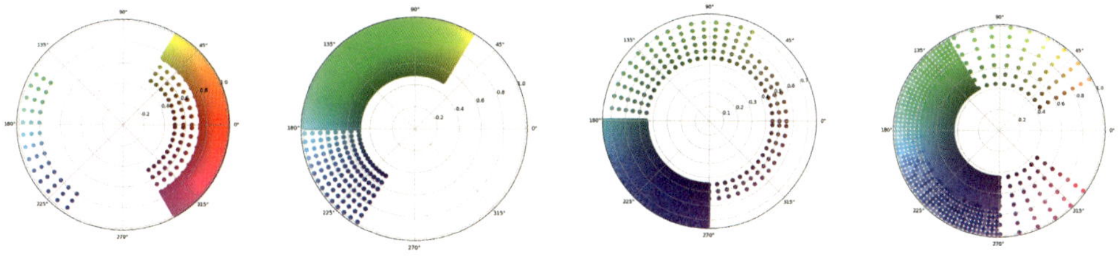

图4-2-11 乐器色彩色环图

| 乐器 | 抽象意象 | 具象意象 | 视觉元素 | 相关场景 | 衍生元素 |
|---|---|---|---|---|---|
| 鼓 | 气势、力量、悲壮、激烈 | / | 鼓槌、纹饰、外观 | 战争、祭祀、宴饮、劳作、欢庆 | 弹簧、大漠 |
| 埙 | 哀愁、悲壮、平和、中庸 | 秋色 | 茶炉、香炉、外观 | 古松林、山水、夜晚 | 枫叶、松柏、烟雾 |
| 琴 | 典雅、知音、爱情 | 山水 | 花、熏香、减字谱、外观 | 山水间、亭榭、茶道、香道 | 演奏姿势、烟雾 |
| 笛 | 感伤、思念、惬意 | 流水 | 鸟、外观、牧童 | 竹林、湖边、欢庆 | 横吹、竹笋 |

图4-2-12 视觉变量集合

器的形态、历史以及乐器的意境、情感，旨在为观者提供多维度、多感官的全面介绍。

B. 主体构建

大堂鼓的平面设计整体采用了构成手法，以增加现代感，颜色则选取了对应色环中最为典型的红、黄、绿三色，其中红色为主色调，绿色为鼓边色（图4-2-13）。鼓身龙纹饰样象征该乐器的肃穆庄重和大气磅礴，左边晕染的墨点中绘制了鼓常用的场景：战争与祭祀。

其三维设计整体包括象征鼓面的龙饰圆盘和象征鼓边的外围圆环，红色小球代表敲在鼓面上的鼓点，声韵铿锵，被砸圆盘随之振动；橙色小球则代表敲在鼓边上的鼓点，落音清脆，被砸圆环不发生形变（图4-2-14）。

在陶埙的平面设计中，埙身配色对应色环，展现埙音“呜呜然”中夹杂的清亮，荷花纹饰象征着该乐器中庸通达的意象（图4-2-15）。左边以凋零的落叶为背景来体现悲戚哀伤的意境，落叶上所呈现的枫叶、松柏等用以表现埙音的“秋意”和“禅意”。

图4-2-13 大堂鼓——平面设计



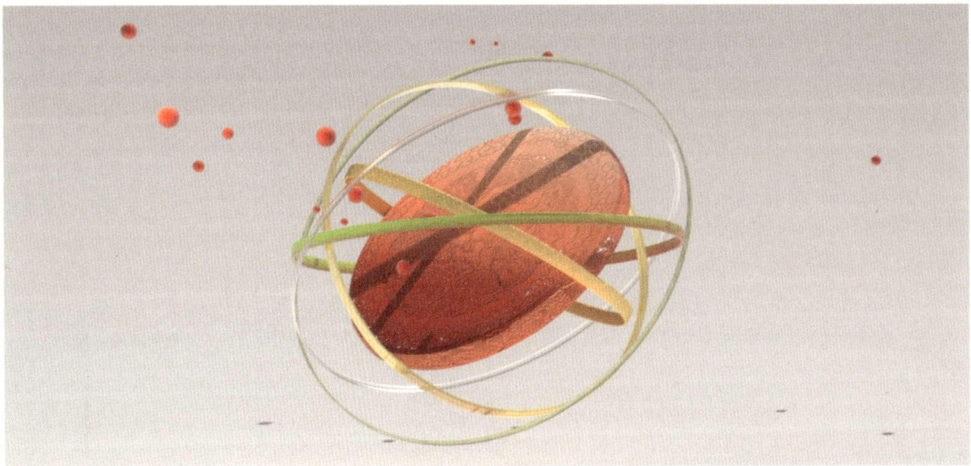

图4-2-14 大堂鼓——三维设计

图4-2-15 陶埙——平面设计

其三维设计采用烟雾作为主视觉元素，以体现禅意（图4-2-16）。画外陶埙徐徐吟唱，尽显悲凉，画中烟雾氤氲，相伴相生。当音调较高时，黄绿色烟雾迸发而出。

古琴平面设计的颜色主要为纯木色与红棕色，在表现古琴琴身材质的同时，也代表着其音色的典雅与古朴（图4-2-17）。琴身的梅花纹样，以及左边山形之上所呈现的瀑布、野鹤、祥云等透露出古琴与山水自然的强相关性。山色选取了低饱和的蓝绿色，意在打造静谧的雨后青山之感。

其三维设计选用水波纹作为可视化形象来展现古琴淡泊静谧的境界，也符合其清亮润泽如流水的音色（图4-2-18）。此外，随着旋律的跌宕，波纹会呈现出相对应的起伏和扩散。

竹笛的平面设计以绿色作为主色，烟雾似的祥云体现笛声的悠长缥缈，云雾之上呈现的竹、鸟元素用以象征竹笛具有穿透力和生命力的音色（图4-2-19）。笛穗选用红色系中的色彩，主要用于传达北方笛派的豪迈。

图4-2-16 陶埙——三维设计

图4-2-17　古琴——平面设计

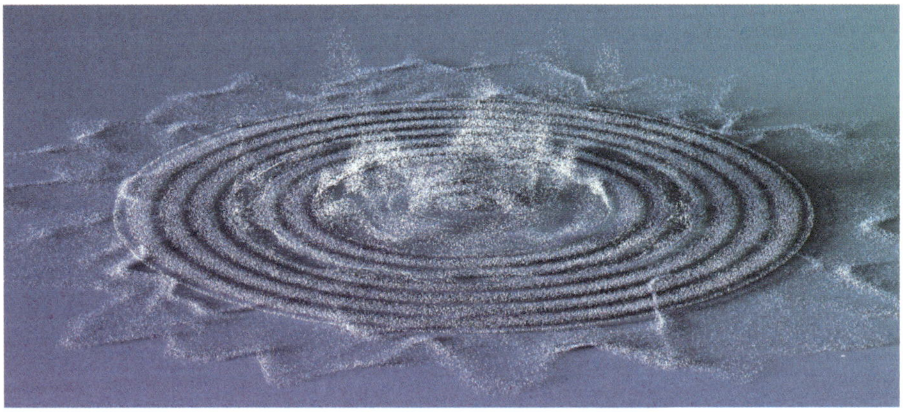

图4-2-18　古琴——三维设计

图4-2-19　竹笛——平面设计

其三维设计的主体采用黄色和绿色，带给观者对于竹子的直观视觉联想，向上蜿蜒的形态跟随音乐的律动而生长并摇摆，展现出竹笛悠扬的曲调和饱满的活力（图4-2-20）。

图4-2-20 竹笛——三维设计

C. 信息图表作品的整体呈现

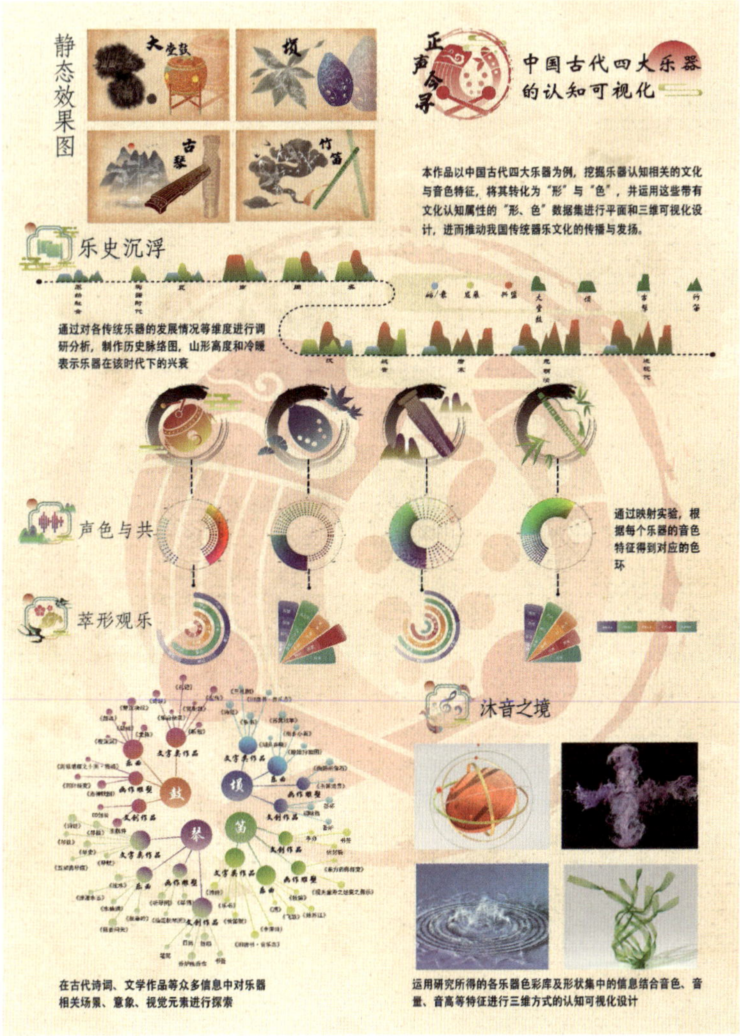
静态效果图
正声今寻
中国古代四大乐器的认知可视化
本作品以中国古代四大乐器为例，挖掘乐器认知相关的文化与音色特征，将其转化为“形”与“色”，并运用这些带有文化认知属性的“形、色”数据集进行平面和三维可视化设计，进而推动我国传统器乐文化的传播与发扬。
乐史沉浮
通过对各传统乐器的发展情况等维度进行调研分析，制作历史脉络图，山形高度和冷暖表示乐器在该时代下的兴衰
声色与共
通过映射实验，根据每个乐器的音色特征得到对应的色环
萃形观乐
沐音之境
在古代诗词、文学作品等众多信息中对乐器相关场景、意象、视觉元素进行探索
运用研究所得的各乐器色彩库及形状集中的信息结合音色、音量、音高等特征进行三维方式的认知可视化设计

图4-2-21 “正声今寻”信息可视化海报展示

## 4.2.4 案例三——冬奥趣闻信息可视化[①]

拓展案例：
《“星河欲转”二十八星宿色彩数据可视化》

### 4.2.4.1 主题选择

冬季奥运会是世界上最大的体育盛会之一，吸引着全世界人民的目光。该课题从2022年北京冬奥会入手，以生动形象的方式对专业的体育知识进行科学性与趣味性兼顾的表达，为观众提供一个不一样的“观奥”视角。

### 4.2.4.2 资料收集

A. 文本资料收集

课题组通过查阅资料收集了北京冬奥会标志性场馆雪如意和雪飞天的相关信息、中国在历届冬奥会上获得的奖牌数、北京冬奥会中的环保内容（例如使用风能等清洁能源，雪场引水的回收利用）、历届冬奥会的参赛国家及地区和参赛运动员的数量、各国参与冬奥会的全勤率、历届冬奥会获得奖牌榜第一的国家及次数统计、各个冬奥之“最”等众多信息，为后续设计积累了丰富和扎实的素材。

B. 图像资料收集

课题组收集了各种信息图表的版式参考图。有整体版式的设计、小图表的收集，还有配色上的参考。

### 4.2.4.3 视角选择

课题组对冬奥知识的深浅度进行了界定，过滤掉了过于晦涩难懂的专业体育知

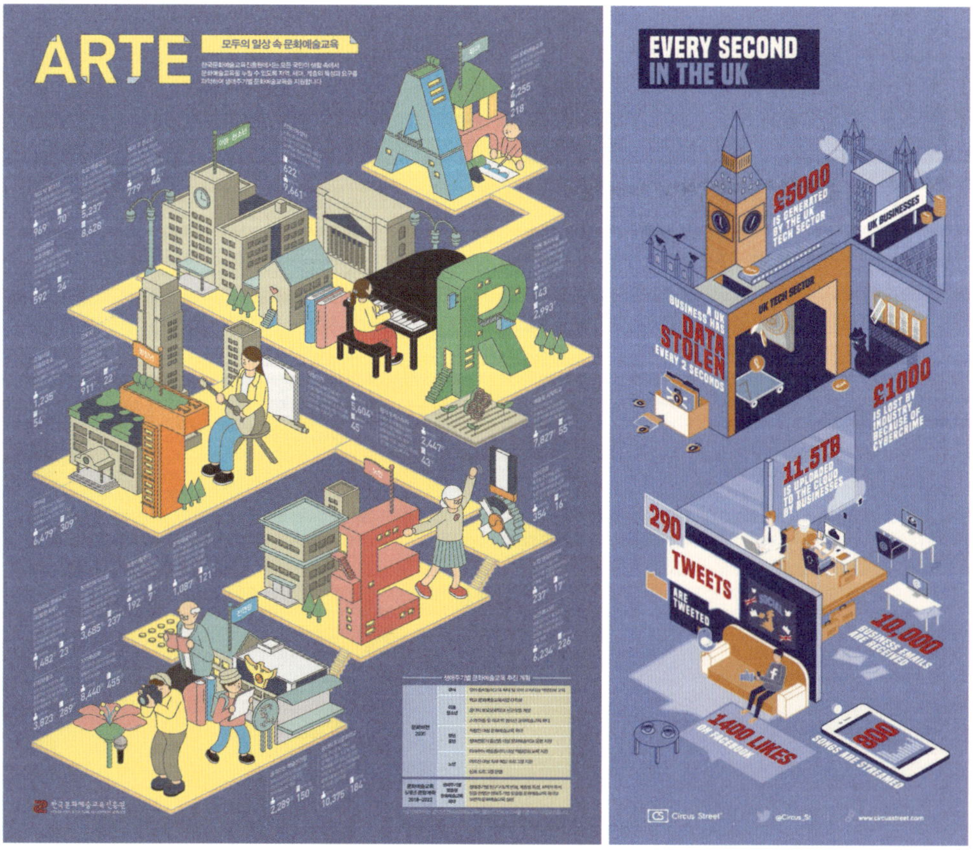


图4-2-22 图像参考（Sung Hwan Jang）

① 该课题由徐茗、杨若望合作完成，指导老师盛卿。

识，转而选择诸如场地特色、奖牌情况、人员设置等普通观众喜闻乐见的信息和数据作为设计对象，以此提升公众对该信息图表的接受程度。

#### 4.2.4.4 数据处理

冬奥会是一个庞大的系统，前文收集到的相关资料也较为分散。课题组对不同模块的数据进行了单独整合。以冬奥金牌信息为例，在准备好从第一届奥运会到2022年为止，各个国家获得的金牌总数及获得历届金牌榜第一的次数等资料后①，以表格的形式对其进行了细致的梳理（表4-2-8）。

表4-2-8 冬奥趣闻信息数据（部分）

| 国家名称 | 累计获得金牌数 | 获得金牌榜第一的次数 |
| --- | --- | --- |
| 德国 | 377 | 5 |
| 俄罗斯 | 340 | 8 |
| 美国 | 282 | 1 |
| 瑞典 | 144 | 0 |
| 意大利 | 114 | 1 |
| 法国 | 109 | 0 |
| 中国 | 53 | 0 |
| 英国 | 6 | 0 |

#### 4.2.4.5 方案设计

A. 概念设计

该课题以冬奥趣闻可视化为出发点，从衣食住行、冷暖四季、地理位置、历史回溯、人文社会、健康环保、科技创新等多方面进行选材和元素提取，挑选有趣味、有意义、有价值、可表达的信息，并对其进行有逻辑、有条理的整理与排布。由于此类图表中各个板块信息之间的关联性并不算强，因此在制作时需要首先规划整体版面，再细化各个部分的设计内容。

B. 主体构建

在信息架构方面，数据资料主要按照空间线索与逻辑线索进行展开：在整体空间上，自下而上的图形一方面展现了冬奥举办地的海拔从海滨逐渐向上到达山巅的过程，另一方面也通过水—雪—冰的物质变化反映了四季的轮回；在叙述逻辑上，纵向信息依循由个人到国家、由微观到宏观的叙述方式，系统性地展现了从个人运动员之最到国家特色表达等多方面的趣闻知识，最顶部呈现历史，帮助观者从宏观角度了解冬奥的发展与现状。

在具体版面方面，图表由主体图层、实例图层、注释图层和指示图层四部分组成。

主体图层包括底部建筑、主体建筑、顶层辉光、顶部极光，分别将绿色清洁能源、奖牌榜、滑雪跳台、参赛人员、历届参赛人数和国家等信息具象再现。

实例图层在主图形层的基础上进行延续补充。在表达清洁能源时，加入太阳能板、风力发电机、电力塔等标志建筑，以更加直观地展示环保信息；在展示冬奥会金

① 数据信息取自国际奥委会（International Olympic Committee）官方网站。

牌榜时，采用堆雪球的方式，通过雪球大小、前进距离长短，来表达金牌数量的多少；在展示冰上运动的冰面温度时，通过颜色的由浅到深来表现冰面温度的由低到高，同时以描绘运动员小人身影来展示不同的运动特征；在展示历届奖牌数据时，通过积雪的深度来表达历届得奖数，与图表场景相互对应。

注释图层是在主图形层和实例图层的基础上，进行一定的添加与注释来对场景和信息进行深度解读。该信息图表中共有两类注释图层：第一种与场景建筑合为一体，成为主体的一部分；第二种则独立于空间之中，通过调整透视角度、色调背景与字体颜色，使之既不会与主体冲突，又能够很好地解释说明。

指示图层主要起到指引注释图层的作用，它采用点状的箭头线段，指向主体画面想要表达的部分。

C. 选定信息图形类型

该信息图表设计包括数据图表和图示图标两大类（图4-2-23）。数据图表如柱状图、折线图等，主要用来表达历年来参加冬奥的国家数量、历年来各届参赛人数、各国历届奖牌数、冬奥会金牌榜等信息量较大的资料。那些信息量相对较小，但仍需要以数字来展示的数据，如冬奥举办地海拔最高与最低数据则依靠绘制刻度图表来表示；而图示图标则旨在使得各个图表更好地融入整体，如冬奥会金牌榜中使用小人滚雪球来取代柱状图中的柱，中国历届奖牌数据以雪为柱等。此外，一些文字陈述性的信息由于不带有数字，我们会使用抽象图标结合文字的方式来展示，如冬奥人物之最、最温暖的冬奥会举办地、最绿色的北京冬奥会等。

图4-2-23 可视化海报部分截图

D. 信息图表作品的整体呈现

该信息图表主要由棱角分明或经裁切后的立方体组成，每个立方体上通过透视视角展示两到三个信息数据，既形式新颖又节省空间（图4-2-24）。整体风格为2.5D插画风格，图形相对较为简约扁平。色彩以饱和度与亮度均较高的冷色系为主，整体风格温柔浪漫，重在突出城市冬日雪夜的氛围。

图4-2-24 “冬奥趣闻”信息可视化海报展示

## 4.2.5 案例四——冬奥比赛场馆信息可视化[①]

### 4.2.5.1 主题选择

2022年北京冬奥会设置了北京、延庆、张家口三个赛区，共计12个竞赛场馆。这些场馆在建设的过程中实现了设计理念、技术工艺、材料选取、场馆运营等多方面的创新突破，还突出强调了“绿色、科技、智慧、可持续”的现代理念。该课题选择了位于河北张家口的国家跳台滑雪中心和国家冬季两项中心作为设计对象，希望通过一目了然、易懂易会的信息图表向人们科普冬奥比赛场馆信息，帮助观者更好地了解竞赛环境的同时，感受中国的基建实力（图4-2-25至图4-2-28）。

### 4.2.5.2 资料收集

A. 文本资料收集

该课题的参考资料取自《建筑学报》2021年07+08期（总633期）中张利、王冲、梅笑寒所撰写的《国家跳台滑雪中心：山地标识性冬奥场馆设计》和张维、赵婧贤、龚佳振所撰写的《国家冬季两项中心：采用可持续“3E”策略的冬奥场馆设计》。

B. 图像资料收集

### 4.2.5.3 视角选择

为了有条理地展现冬奥场馆信息，该课题选择了“常规”与“非常规”两个视角。其中“常规”部分主要介绍基本信息，让大众对场馆有大体了解；“非常规”部分则是介绍突出技术、特点等，为大众进行深度科普。

### 4.2.5.4 方案设计

A. 概念设计

该课题旨在直观展现冬奥场馆信息，主要采用图文结合的形式，向大众介绍、宣

图4-2-25 国家跳台滑雪中心“雪如意”（武殿森摄）

图4-2-26 国家冬季两项中心实景图



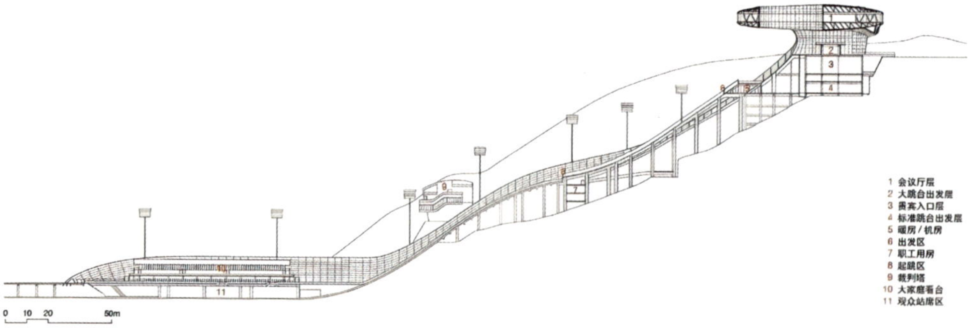


图4-2-27 国家跳台滑雪中心剖面图（清华大学建筑设计研究院）

① 该课题由程力昊、隰蓬叶合作完成，指导老师盛卿。

图4-2-28 2022年北京冬奥会及冬残奥会体育图标

传、科普与冬奥场馆相关的一系列数据与概念。在具体呈现上，采用方便在手机上查看的长图形式，以场馆的效果图为画面核心，搭配场地组成、相关技术、比赛项目、场馆特点等信息板块来介绍张家口的冬奥场馆。

B. 主体构建

在信息架构上，以冬奥场馆建筑的立体效果图作为视觉中心，其他信息以方框分隔的形式排列在立体效果图之后，并以立体效果图为视线引入点，由上到下展示信息。其信息构成较为丰富，包括场地的组成与解读、比赛项目、使用的“黑科技”、场馆的特色信息等；信息要素也很全面，包括场馆的设计单位、修建时间、地点、比赛项目、金牌产出数目、成就等。具体框架如图4-2-29所示。

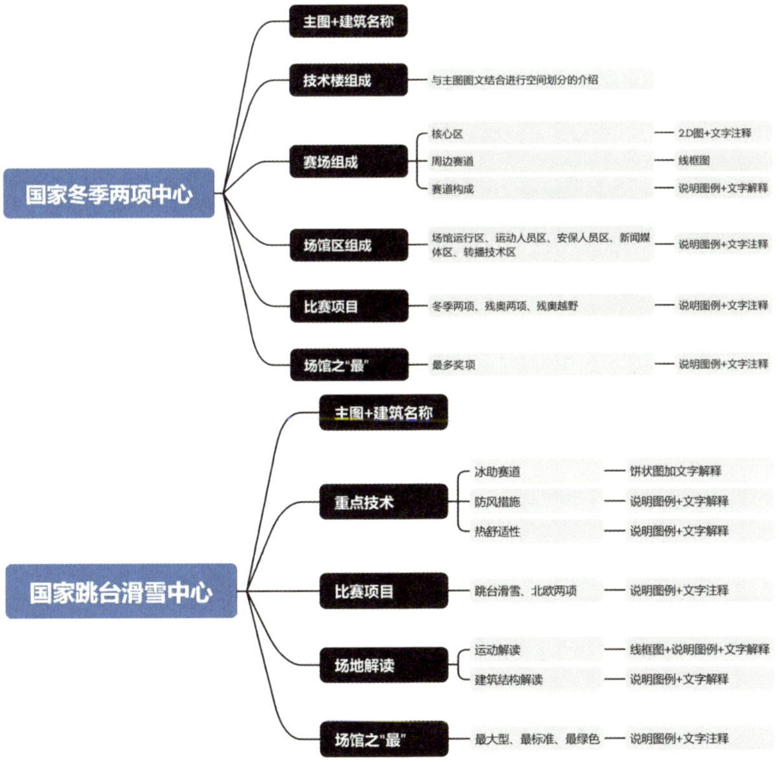


图4-2-29 信息架构导图

在具体版面上，两张图表由主体图层（图4-2-30）、实例图层（图4-2-31）和注释图层（图4-2-32）三部分组成。

主体图层为场馆建筑的立体效果图。

实例图层以矢量图、2.5D图、线框图的形式呈现，方便读者直观理解。

注释图层采用文字描述与解释的形式，辅以引用标注的图例进行补充。

C. 选定信息图形类型

信息图表采用了矢量图形、平面线框图、立体效果图、2.5D说明图等多种形式对场馆信息进行可视化表现，整体美观大方，给读者以愉悦的观看体验（图4-2-33）。色彩方面选用冬奥主题的蓝色作为主色调，营造出冬季运动的季节感受。

D. 信息图表作品的整体呈现

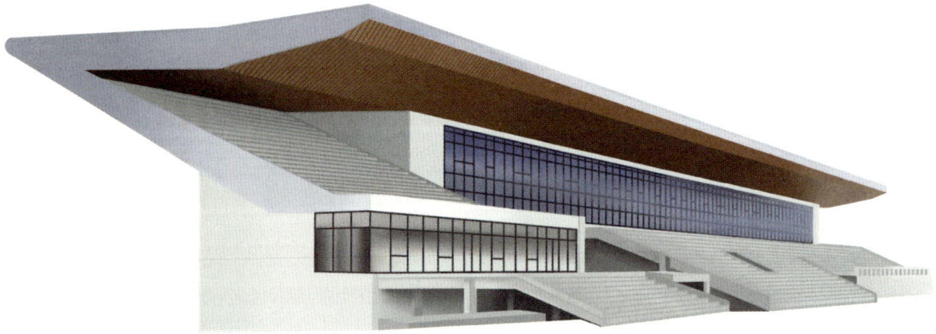

图4-2-30　主体图层

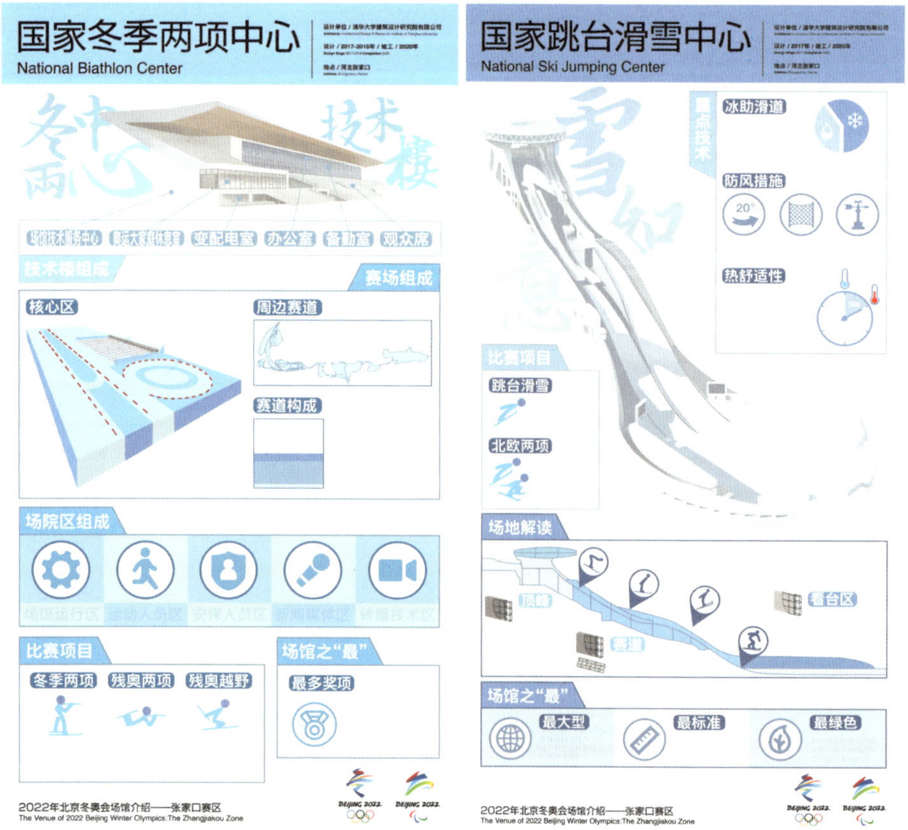


图4-2-31　实例图层

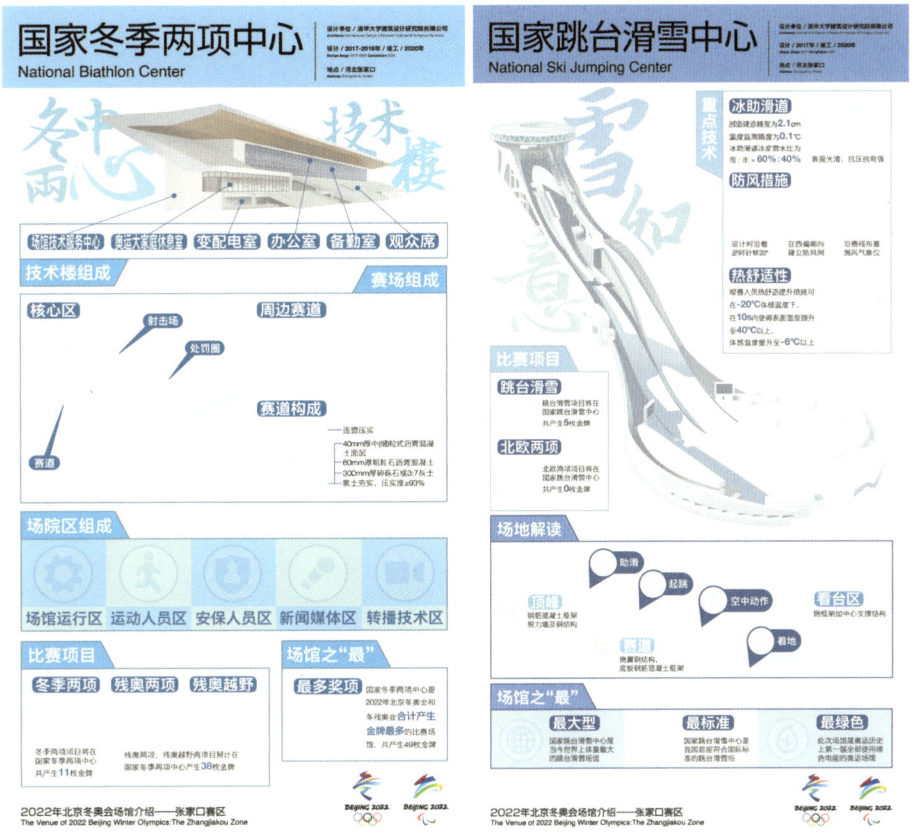


图4-2-32　注释图层

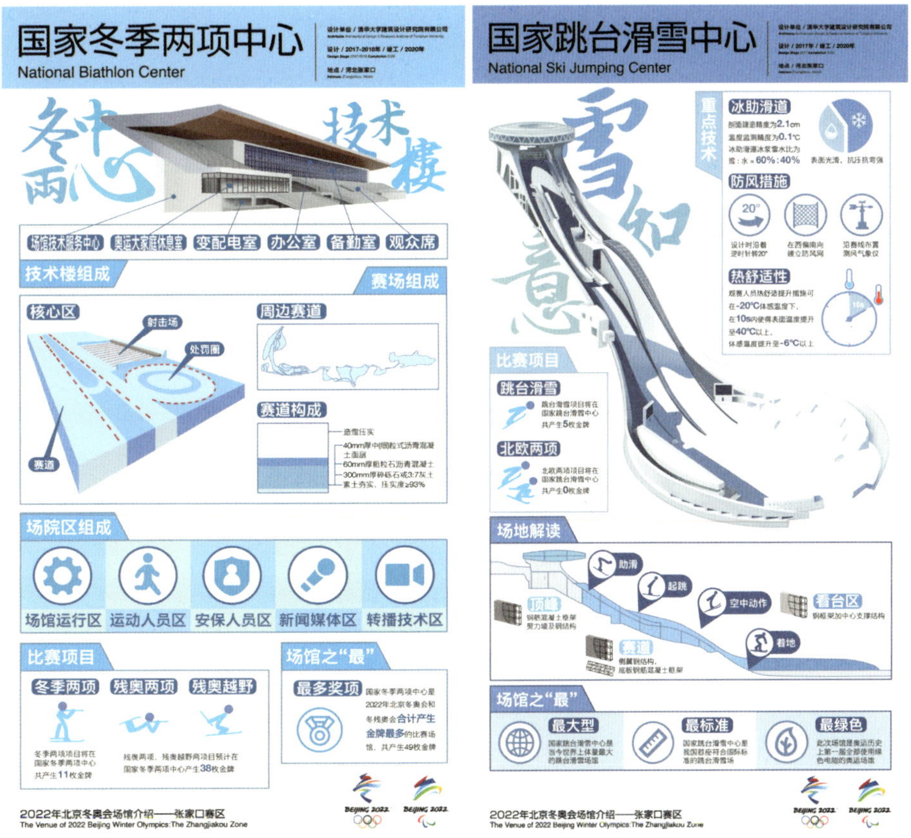


图4-2-33　"冬奥场馆"信息可视化海报展示

# 后记

在本书的编写过程中，我愈发体会到信息图形设计不仅是视觉艺术的展现，更是逻辑思维与数据表达的结合，也让我意识到信息设计教育的复杂性和挑战性。通过与同行、学生的交流与合作，我不断调整和优化教材内容，力求在理论与实践之间找到最佳平衡点。本书的优点在于其系统性和实用性。通过对图形语法的深入解析和信息图形表意类型的详细探讨，本书不仅能帮助学生建立对信息图形的清晰认知，还提供了丰富的案例和操作指导，使学生能够在实践中掌握信息图形设计的核心技能。展望未来，我希望本书能够为信息设计教育做出一点贡献，激发更多学生对这一领域的兴趣和热情。

在此，衷心感谢在本书酝酿和编写过程中给予我支持和帮助的人。感谢我的导师，清华大学刘振生教授以及同门温思玮，感谢你们把我引入这个有趣的领域；感谢我的外导，爱丁堡大学John Lee教授，您推荐的J. von Engelhardt的博士学位论文*The Language of Graphics*对于我解析信息图形的设计原理起到了关键作用；感谢我的研究生周晨露、席可和陈宇菲，感谢你们在翻译、编写、统稿工作中的突出贡献；感谢为本书绘制图表、提供案例的朋友和学生（书中均有标注），你们的支持让本书更加专业、生动、丰富、多彩；感谢所有学习这门课程的学生，希望本书能够为你们的学习和研究提供有益的帮助。最后，感谢北京邮电大学高新课程项目对本书的资助。

盛卿